开关柜局部放电
检测技术

国网浙江平湖市供电有限公司潘建乔劳模创新工作室　组编

潘建乔　主编

中国电力出版社

CHINA ELECTRIC POWER PRESS

内 容 提 要

本书主要介绍电力系统高压开关柜的在线局部放电检测技术，包括高压开关柜的基本知识、局部放电检测、暂态地电压和超声波法局部放电检测技术、开关柜局部放电带电检测培训系统硬件及开关柜局部放电案例分析等内容。本书还提供了局部放电试验实训指导书、检测作业指导书。

本书可作为供电企业运检岗位人员的技能培训教材及实用参考书。

图书在版编目（CIP）数据

开关柜局部放电检测技术/国网浙江平湖市供电有限公司潘建乔劳模创新工作室组编. —北京：中国电力出版社，2022.4（2023.4重印）
ISBN 978-7-5198-6499-6

Ⅰ. ①开… Ⅱ. ①国… Ⅲ. ①开关柜－局部放电－检测 Ⅳ. ①TM591

中国版本图书馆 CIP 数据核字（2022）第 021907 号

出版发行：中国电力出版社
地　　址：北京市东城区北京站西街 19 号（邮政编码 100005）
网　　址：http://www.cepp.sgcc.com.cn
责任编辑：刘丽平（010-63412342）
责任校对：黄　蓓　常燕昆
装帧设计：张俊霞
责任印制：石　雷

印　　刷：三河市百盛印装有限公司
版　　次：2022 年 4 月第一版
印　　次：2023 年 4 月北京第二次印刷
开　　本：710 毫米×1000 毫米　16 开本
印　　张：7.25
字　　数：106 千字
印　　数：1001—1500 册
定　　价：30.00 元

（委员排名不分先后）

主　任　方景辉

副主任　沈红峰　郭　强

委　员　顾海松　杨玉锐　张凯俊　毕炯伟　钱国良　吴　军

　　　　　施文杰　万家建　郭建峰　朱　迪

主　编　潘建乔

副主编　陈　超　吴　迪

参　编　余方召　张　炜　张　峰　张　樾　胡雷剑　俞国良

　　　　　吴　韬　徐　克　栾伊斌　龚利武　陶　琨　黄建新

　　　　　马一帆　吴志民　胡家源　王亮亮　王异凡　曾振源

　　　　　宋　毅

前　言

为实现供电可靠性及稳定性，电力及相关部门普遍关注开关柜设备运行的可靠性。从运行经验来看，绝缘故障是影响电力设备运行可靠性的重要原因之一，局部放电是导致电力设备绝缘劣化直至闪络故障发生的主要表现形式。电力设备内部一旦出现绝缘故障，极易引起设备故障，将破坏电力系统正常运行，给国民经济和社会正常秩序造成不良影响。

中国电力科学研究院曾对 40.5kV 以下开关柜设备的故障类型进行了统计分析，结果表明，高达 44%的故障都可以通过局部放电检测技术检测出来，而85%的破坏性故障都与局部放电现象相关。因此，对开关柜设备进行局部放电在线监测意义重大，可明显降低开关柜设备的故障率。

国网浙江平湖市供电有限公司潘建乔劳模创新工作室在生产实践和教学培训中积累了一些在线监测的经验，并搭建了开关柜局部放电培训系统。现将这些经验整理成册，供同行参考与交流。希望本书能起到抛砖引玉的作用，加强同行间的技术交流。

在本书编写过程中，得到了保定华创电气有限公司的技术支持，在此表示衷心的感谢。

由于水平所限，书中难免有不妥和疏漏之处，欢迎在线监测领域的专业人士批评和指正。

编　者

2022 年 2 月

目　录

1 高压开关柜的基本知识

高压开关柜在发电、输电、配电的电能转换和分配中可以起到通断、控制或保护等作用，具有架空进出线、电缆进出线、母线联络等功能，主要适用于发电厂、变电站、石油化工、冶金轧钢、轻工纺织、厂矿企业和住宅小区、高层建筑等场所。

本章系统介绍高压开关柜基本知识，以常见的高压开关柜 KYN28 为例，讲解该类型高压开关柜的结构特点，总结高压开关柜近年的典型故障统计数据，阐述开展高压开关柜局部放电带电检测的意义，帮助读者掌握高压开关柜故障的主要形式，为故障查找奠定基础。

1.1 高压开关柜的定义

高压开关柜（又称成套开关或成套配电装置）是用于电力系统的成套电气设备，其作用是在电力系统进行发电、输电、配电和电能转换过程中进行开合、控制和保护等。高压开关柜由高压断路器、负荷开关、接触器、高压熔断器、隔离开关、接地开关、互感器及站用变压器，以及控制、测量、保护、调节装置，内部连接件、辅件、外壳和支持件等组成，柜内的空间主要以空气或复合绝缘材料作为介质，用于接受和分配电网的三相电能。

KYN28A-12 型户内金属铠装抽出式开关设备主要用于发电厂、工矿企事业配电及二次变电站的受电、送电以及大型电动机的启动等，具有控制、保护、实时监控和测量功能。其有完善的"五防"功能，配用浙开 VS1（ZN63A-12）真空断路器，也可配用 ABB 公司生产的 VD4 真空断路器、上海富士电机开关有限公司生产的 HS 型（ZN82-12）真空断路器、中外合资厦门华电开关有限公司生产的 VEP 型（ZN96-12）真空断路器。

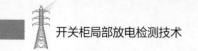

1.2 高压开关柜的组成

根据相关的功能和应用要求，高压开关柜主要由柜体和断路器两大部分组成。柜体一般由壳体、电器元件、各种机构、二次端子及连线等组成。所有高压开关柜的生产、制造、试验等均满足《3.6kV～40.5kV 交流金属封闭开关设备和控制设备》的要求。

柜内的电气元件主要由一次设备和二次元件等组成，一次设备主要有电流互感器、电压互感器、接地开关、避雷器、隔离开关、高压断路器、高压接触器、高压熔断器、变压器、高压带电显示器、穿墙套管、触头盒、绝缘子、绝缘护套、主母线和分支母线等，二次元件主要有继电器、电能表、电流表、电压表、功率表、功率因数表、频率表、熔断器、空气开关、转换开关、信号灯、电阻、按钮、微机综合保护装置等。

1.3 高压开关柜的分类

（一）按断路器安装方式分类

（1）移开式或手车式开关柜（用 Y 表示）：柜内的主要电气元件（如断路器）安装在可抽出的手车上。由于手车式开关柜有很好的互换性，因此可以大大提高供电的可靠性。常用的手车类型有隔离手车、计量手车、断路器手车、PT 手车、电容器手车和站用变手车等，如 KYN28A-12 型高压开关柜。

（2）固定式开关柜（用 G 表示）：柜内所有的电器元件（如断路器或负荷开关等）均为固定式安装。固定式开关柜较为简单经济，如 XGN2-10、GG-1A 型高压开关柜。

（二）按安装地点分类

（1）用于户内的开关柜（用 N 表示）：只能在户内安装使用，如 KYN28A-12 型高压开关柜。

（2）用于户外的开关柜（用 W 表示）：可以在户外安装使用，如 XLW 型高压开关柜。

（三）按柜体结构分类

（1）金属封闭铠装式开关柜（用 K 表示）：主要组成部件（如断路器、互感器、母线等）分别装在接地的用金属隔板隔开的隔离室中，如 KYN28A-12 型高压开关柜。

（2）金属封闭间隔式开关柜（用 J 表示）：与金属封闭铠装式开关柜相似，其主要电器元件也分别装于单独的隔离室内，但具有一个或多个符合一定防护等级的非金属隔板，如 JYN2-12 型高压开关柜。

（3）金属封闭箱式开关柜（用 X 表示）：开关柜外壳为金属封闭式的开关设备，如 XGN2-12 型高压开关柜。

（4）敞开式开关柜：无保护等级要求，部分外壳是敞开的，如 GG-1A（F）型高压开关柜。

1.4 高压开关柜的结构特点

高压开关柜内部结构空间有限，布置比较紧密，具有"五防"机械联锁功能，同时采用顶部泄压方式，内部空间一般分为断路器手车室、母线室、电缆室、继电器仪表室等，室与室之间用钢板隔开。目前变电站中应用较为广泛的高压开关柜为金属封闭铠装手车式开关柜，俗称中置柜，常用的为 KYN28 系列，如 KYN28A-12 AMS 等，其结构如图 1-1 所示。

（1）断路器手车室。断路器手车室装有有导轨的断路器，可在运行、试验/隔离两个不同位置之间移动。

（2）母线室。母线从一个开关柜引至另一个开关柜，需通过分支母线和套管固定。矩形的分支母线直接用螺栓连接到主母线上，没有任何连接夹。母线一般用绝缘护套覆盖，套管板和套管将柜与柜之间的母线隔离起来，并起到支撑作用。

（3）电缆室。电缆室内空间大，电缆连接高度高，电缆头安装方便，可连接多根电缆。此外，电缆室内还可能安装 TV、接地开关、避雷器等设备。

（4）继电器仪表室。仪表室一般安装有继电保护元件、计量设备、显示仪表、带电显示器以及特殊要求的二次设备。

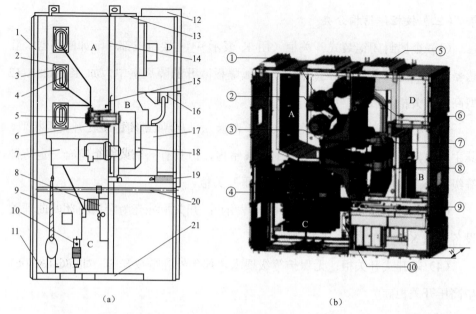

（a）　　　　　　　　　　　　　　（b）

图 1-1　金属封闭铠装手车式开关柜（KYN28A-12AMS）的结构

（a）KYN28A-12；（b）AMS 40.5 开关柜结构

A—母线室；B—断路器手车室；C—电缆室；D—送电器仪表室；1—外壳；2—分支套管；3—母线套管；4—主母线；5—静触头装置；6—静触头盒；7—电流互感器；8—接地开关；9—电缆；10—避雷器；11—接地主母线；12—控制小母线室；13—泄压装置；14—高压室隔板；15—隔板（活门）；16—二次插头；17—断路器手车；18—加热装置；19—可抽出式水平隔板；20—接地开关插件机构；21—底板；①—半圆形主母线；②—穿墙套管；③—静触头盒；④—电流互感器；⑤—压力释放装置；⑥—旋转折叠式活门；⑦—静触头盒；⑧—VEP 真空断路器或 FEP SF$_6$ 断路器；⑨—π 型号轨；⑩—ESW 型接地开关

1.5　高压开关柜"五防"联锁

1. 防止误分、合断路器

仪表室面板上的断路器分合闸控制开关加锁，只有用专用钥匙开锁后才能操作断路器。

2. 防止带负荷操作隔离开关或隔离插头

断路器采用手车式，只有当手车上的断路器处于分闸位置时，手车才能从试验位置（冷备用位置）移向工作位置（工作位置），反之也一样。

该联锁是通过联锁杆、手车底盘内部的机械装置及合分闸机构同时实现的。当断路器合闸时，通过联锁杆作用于断路器底盘上的机械装置，使手车无法移动；只有当断路器分闸后，联锁才能解除，手车才能从试验位置（冷备用位置）移向工作位置（工作位置）或从工作位置（运行位置）移向试验位置（冷备用位置）。另外，只有当手车完全到达试验位置（冷备用位置）或工作位置（运行位置）时，断路器才能合闸。

3. 防止带电合接地开关

只有当断路器手车在试验位置（冷备用位置）及线路无电时，接地开关才能合闸。当手车处于试验位置（冷备用位置）时，接地开关操作孔上的滑板应能按动自如，同时导轨上的挡板和导轨下的挡板应随滑板灵活运动；当手车处于工作位置（运行位置）或工作与试验中间位置时（运行与冷备用中间位置时），滑板应无法按下（机械联锁）。

只有当接地开关下侧的电缆不带电时，接地开关才能合闸。安装强制闭锁型带电指示器，在接地开关上安装闭锁电磁铁，将带电指示器的辅助触点接入接地开关闭锁电磁铁回路，带电指示器检测到电缆带电后闭锁接地开关合闸（电气机械联锁）。

4. 防止接地开关合上时送电

接地开关位于合闸位置时，由于操作接地开关时按下了滑板，其传动机构带动柜内手车右导轨上的挡板挡住了手车移动的路线，同时挡板下方的另一块挡块顶住了手车的传动丝杆联锁机构，使手车无法移动，因此可实现接地开关合闸时无法将手车移入工作位置（运行位置）的联锁功能。

5. 防止误入带电间隔

断路器室门上的提门机构只有专用钥匙才能打开。断路器手车拉出后，手车室活门自动关上，隔离高压带电部分。

活门与手车联锁。手车摇进时，手车驱动器压动手车左右导轨传动杆，带动活门与导轨连接杆使活门开启，同时手车左右导轨的弹簧被压缩，手车摇出时，手车左右导轨的弹簧使活门关闭（机械联锁）。

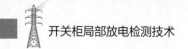

开关柜后封板采用内五角螺栓锁定，只能用专用工具才能开启。

接地开关与电缆室门板的机械联锁。在线路侧无电且手车处于试验位置（冷备用位置）时合上接地开关，门板上的挂钩解锁，此时可打开电缆室门板。检修后电缆室门板未盖时，接地开关传动杆被卡住，使接地开关无法分闸。

6. 其他联锁

开关柜的二次线与手车的二次线联络是通过手动二次插头实现的。只有当手车处于试验/隔离位置（冷备用位置）时，才能插上和拔下二次插头；手车处于工作位置（运行位置）时，二次插头被锁定，不能解下。

1.6　高压开关柜操作程序

1. 送电操作

先装好后封板，再关好前下门→操作接地开关主轴并且使之分闸→用转运车（平台车）将手车（处于分闸状态）推入柜内（试验位置）→把二次插头插到静插座上→试验位置指示器亮→关好前中门→用手柄将手车从试验位置（分闸状态）推入工作位置→工作位置指示器亮，试验位置指示器灭→合闸断路器手车。

2. 停电（检修）操作

将断路器手车分闸→用手柄将手车从工作位置（分闸状态）退出到试验位置→工作位置指示器灭，试验位置指示器亮→打开前中门→把二次插头拔出静插座→试验位置指示器灭→用转运车将手车（处于分闸状态）退出柜外→操作接地开关主轴并且使之合闸→打开后封板和前下门。

1.7　断路器操作机构

1. 电磁操作机构

电磁操作机构是技术比较成熟、使用较早的一种断路器操作机构，其结构比较简单，机械组成部件数量约 120 个。它是利用通过合闸线圈中的电流产生的电磁力驱动合闸铁芯，撞击合闸连杆机构进行合闸的，其合闸能量的大小完全取决于合闸电流的大小，因此需要很大的合闸电流。

电磁操作机构的优点主要有：

（1）结构比较简单，工作比较可靠，加工要求不是很高，制造容易，生产成本较低。

（2）可实现遥控操作和自动重合闸。

（3）有较好的合、分闸速度特性。

电磁操作机构的缺点主要有：

（1）合闸电流大，合闸线圈消耗功率大，需要配大功率的直流操作电源。

（2）合闸电流大，一般的辅助开关、继电器触点不能满足要求，必须配专门的直流接触器，利用直流接触器带消弧线圈的触点来控制合闸电流，从而控制合、分闸线圈动作。

（3）操作机构动作速度低，触头的压力小，容易引起触头跳动，合闸时间长，电源电压变动对合闸速度影响大。

（4）耗费材料多，机构笨重。

户外变电站断路器的本体和操作机构一般都组装在一起，这种一体式的断路器一般只具备电动合、电动分和手动分的功能，而不具备手动合的功能，当操作机构箱出现故障而使断路器拒绝电动时，就必须停电进行处理。

2. 弹簧操作机构

弹簧操作机构由弹簧储能、合闸维持、分闸维持和分闸 4 个部分组成，零部件数量较多，约 200 个，利用机构内弹簧拉伸和收缩所储存的能量进行断路器合、分闸控制操作。弹簧能量的储存由储能电动机减速机构的运行实现，而断路器的合、分闸动作靠合、分闸线圈控制，因此断路器合、分闸操作的能量取决于弹簧储存的能量而与电磁力的大小无关，不需太大的合、分闸电流。

弹簧操作机构的优点主要有：

（1）合、分闸电流不大，不需要大功率的操作电源。

（2）既可远方电动储能，电动合、分闸，也可就地手动储能，手动合、分闸，因此在操作电源消失或出现操作机构拒绝电动的情况下也可以进行手动合、分闸操作。

（3）合、分闸动作速度快，不受电源电压变动的影响，且能快速自动重合闸。

（4）储能电机功率小，可交直流两用。

（5）弹簧操作机构可使能量传递获得最佳匹配，并使各种开断电流规格的断路器通用同一种操作机构，选用不同的储能弹簧即可，性价比优。

弹簧操作机构的缺点主要有：

（1）结构比较复杂，制造工艺复杂，加工精度要求高，制造成本比较高。

（2）操作冲力大，对构件强度要求高。

（3）容易发生机械故障而使操作机构拒动，烧毁合闸线圈或行程开关。

（4）存在误跳现象，有时误跳后分闸不到位，无法判断其合、分位置。

（5）分闸速度特性较差。

3. 永磁操作机构

永磁操作机构采用了一种全新的工作原理和结构，由永久磁铁、合闸线圈和分闸线圈组成，取消了弹簧操作机构和电磁操作机构中的运动连杆、脱扣及锁扣装置，结构简单，零部件很少，工作时主要运动部件只有一个，具有很高的可靠性。它利用永久磁铁进行断路器位置保持，是一种电磁操动、永磁保持、电子控制的操作机构。

永磁操作机构的工作原理：当合闸线圈通电后，它在磁路上部产生与永久磁铁方向相反的磁通，两磁场叠加产生的磁场力使动铁芯向下运动，当运动到约一半行程后，由于磁路下部气隙减小，永久磁铁磁力线转移到下部，此时合闸线圈磁场与永磁磁场同方向，从而使动铁芯加速向下运动，最终达到合位，这时合闸电流消失，永久磁铁利用动、静铁芯提供的低磁阻抗通道将动铁芯保持在合闸的稳态位置；当分闸线圈通电后，它在磁路下部产生与永久磁铁方向相反的磁通，两磁场叠加产生的磁场力使动铁芯向上运动，当运动到约一半行程后，由于磁路上部气隙减小，永久磁铁磁力线转移到上部，此时分闸线圈磁场与永磁磁场同方向，从而使动铁芯加速向上运动，最终达到分位，这时分闸电流消失，永久磁铁利用动、静铁芯提供的低磁阻抗通道将动铁芯保持在分闸的稳态位置。

永磁操作机构的优点主要有：

（1）采用双稳态、双线圈机构。永磁操作机构的分合闸操作通过分、合闸线圈实现，永久磁铁与分合闸线圈相配合，较好地解决了分、合闸时需要大功率能量的问题，因为永久磁铁提供的磁场能量可以作为分合闸操作用，分、合闸线圈所需提供的能量便可以减少，这样就不需要太大的分合闸操作电流。

（2）由动铁芯的上下运动，通过拐臂杆，绝缘拉杆作用于断路器真空灭弧室的动触头，实现断路器的分闸或合闸，取代了传统的机械锁扣方式，机械结构大为简化，使耗材减少，成本变低，故障点减少，大大提高了机械动作的可靠性，能够实现免维护，节省维修费用。

（3）永磁操作机构永磁力几乎不会消失，寿命高达 10 万次，以电磁力进行分合闸操作，以永磁力进行双稳态位置保持，简化了传动机构，降低了操作机构的能耗和噪声，比电磁操作机构和弹簧操作机构寿命长 3 倍以上。

（4）采用无触点、无可动元件、无磨损、无弹跳的电子接近开关作为辅助开关，不存在接触不良问题，动作可靠，运行不受外界环境影响，寿命长，可靠性高，解决了触头弹跳问题。

（5）采用同步过零开关技术。断路器的动、静触头在电子控制系统的控制下，可在系统电压波形过零时关合，在电流波形过零时分断，产生幅值很小的涌流和过电压，减少操作对电网和设备的冲击；而电磁操作机构和弹簧操作机构的操作是随机的，会产生幅值很高的涌流和过电压，对电网和设备冲击较大。

（6）永磁操作机构可实现就地/远方分、合闸操作，也可实现保护合闸和重合闸功能，可手动分闸。因为操作所需电源容量小，采用电容器作为跳合闸的直接电源，电容器充电时间短，充电电流小，抗冲击能力强，停电后仍能对断路器进行分、合闸操作。

永磁操作机构的缺点主要有：

（1）不能手动合闸，在操作电源消失、电容器电量耗尽以后，若不能对电容器进行充电，则无法再进行合闸操作。

（2）手动分闸时，初分速度要足够大，因此需要很大的力，否则无法进行分闸操作。

（3）储能电容器参差不齐，质量难以保证。

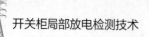

（4）难以获得理想的分闸速度特性。

（5）难以提高永磁操动机构的分闸输出功。

1.8 高压开关柜常见故障分析

1.8.1 高压开关柜故障原因

1. 拒动、误动故障

这种故障是高压开关柜最主要的故障，其原因可分为两类：①因操作机构及传动系统的机械故障造成，具体表现为机构卡涩，部件变形、位移或损坏，分、合闸铁芯松动、卡涩，轴销松断，脱扣失灵等；②因电气控制和辅助回路造成，表现为二次接线接触不良、端子松动、接线错误、分、合闸线圈因机构卡涩或转换开关不良而烧损、辅助开关切换不灵，以及操作电源、合闸接触器、微动开关等故障。

2. 开断与关合故障

这类故障是由断路器本体造成的，对于真空断路器而言，表现为灭弧室及波纹管漏气、真空度降低、陶瓷管破裂等。

3. 绝缘故障

在绝缘方面的故障主要表现为外绝缘对地闪络击穿，内绝缘对地闪络击穿，相间绝缘闪络击穿，雷电过电压闪络击穿，绝缘子套管、电容套管闪络、污闪、击穿、爆炸，提升杆闪络，TA 闪络、击穿、爆炸，绝缘子断裂等。

4. 载流故障

载流故障主要是由开关柜动、静触头接触不良导致触头烧熔引起的故障。

5. 外力及其他故障

这类故障主要包括异物撞击、自然灾害、小动物短路等不可知的其他外力及意外故障。

1.8.2 常见故障及处理方法

常见故障及处理方法如表 1-1 所示。

表 1-1   常见故障及处理方法

序号	故障现象	产 生 原 因	处 理 方 法
1	断路器不能合闸	断路器手车未到确定位置	确认断路器手车是否完全处于试验位置或工作位置。此为正常联锁，不是故障
		二次控制回路接线松动	用螺丝刀将松动的接头接好
		合闸电压过低	检查合闸线圈两端电压是否过低，并调整电源电压
		闭锁线圈或合闸线圈断线、烧坏	更换闭锁线圈或合闸线圈。检测合闸线圈两端电压是否过高，机械回路是否卡涩
2	断路器不能分闸	二次控制回路接线松动	用螺丝刀将松动的接头接好
		分闸电压过低	检测分闸线圈两端电压是否过低，并调整电源电压
		分闸线圈断线、烧坏	更换分闸线圈。检测分闸线圈两端电压是否过高，并调整电源电压；检测机械回路是否卡涩
3	断路器手车在试验位置时摇不进	由于联锁机构原因，断路器在合闸状态时断路器手车无法移动。只有在断路器处于分闸状态时，断路器手车才能从试验位置移动到工作位置	确认断路器处于分闸状态后再行操作
		由于联锁机构原因，接地开关在合闸时断路器手车无法移动	确认接地开关是否分闸
		若接地开关确实已分闸，但仍无法摇进，则检查接地开关操作孔处的操作舌片是否回复至接地开关分闸时应处的位置	若操作舌片未回复，则调整接地开关操作机构
		断路器室活门工作不正常	检查提门机构有无变形、卡涩，断路器室内活门动作是否正常
4	断路器手车在工作位置时摇不进	由于联锁机构原因，断路器在合闸状态时断路器手车无法移动。只有在断路器处于分闸状态时，断路器手车才能从工作位置摇出到试验位置。若断路器处于分闸位置，断路器手车仍摇不出，通常是底盘机构卡死	确认断路器处于分闸状态后再行操作，检修断路器底盘机构
5	接地开关无法操作合闸	因电缆侧带电，操作舌片按不下（联锁要求）	分析带电原因
		接地开关闭锁电磁铁不动作，操作舌片按不下	检查闭锁电源是否正常及闭锁电磁铁是否得电，若电源正常而闭锁电磁铁不得电，则更换闭锁电磁铁
		应五防要求，接地开关与柜电缆室门间有联锁。若电缆室门未关好，则接地开关无法操作合闸	确认电缆室门是否关好
		传动机构故障	检修传动部分

1.9 高压开关柜的故障检测

虽然在购买使用高压开关柜之前相应的验收检查工作已经展开，但是在现实中难免有先天性质量问题的设备投入运行。另外，由于外力及机器老化的原因，高压开关柜也很难保持永久的安全使用状态。作为补救措施，用户必须加强对高压开关柜的检测工作，能避免事故的发生。

1. 机械故障检测

很多统计资料表明，高压开关柜机械故障发生的比例最高。这是因为与机械操作有关的元件非常多，包括合、分闸操作传动机构、小车操作机构、防误闭锁机构等；开关的操作没有规律，有时很长时间也不操作一次，有时却要连续动作；还受一年环境温度变化的影响。所以，机械故障特别是拒动故障发生的概率最高。

要保证开关设备的操作机构的可靠性，需经过考验验证。例如，真空断路器制造厂在产品出厂前，往往要在标准规定的高低操作电压下进行机械操作数百次，如果有故障，就在出厂前进行处理。另外，开关柜内所有部件，特别是动作部件，包括各处的紧固螺钉、弹簧和拉杆，强度要足够，结构要可靠，要经得住长期运行的考验。

要保证电气回路良好的连通性，合/分闸线圈辅助开关等元件的性能都要有保证。因为是串联回路，所以回路中的各个开关、熔断器及各个连接处要始终处于完好状态，直流操作电源也要始终处于正常状态。如果直流回路绝缘不良，发生一点接地或多点接地，就可能使开关发生误动；如果直流回路导通不好或电源不正常，就会发生拒动事故。

2. 绝缘水平检测

原则上来说，电压等级越高，对绝缘水平的选取越应关注。对于中压等级，往往希望通过增加不多的费用将绝缘水平取得偏高一点，使运行更安全。

GB 311.1—2012《绝缘配合 第1部分：定义、原则和规则》推荐了四种冲击耐受电压试验方法，对于以非自恢复绝缘为主的设备可采用3次法，非自恢复绝缘和自恢复绝缘组成的复合绝缘的设备可使用3/9次法，而复合绝缘的设备则一般采用 15 次法。目前高压开关柜的雷电冲击耐压试验多采用 15 次法，实际上在中压等级设备达到要求的外绝缘的最小空气尺寸，如 10kV 等级设备的外绝缘净空气间隙为 125mm 的情况下，冲击耐受电压裕度较大，用 3/9 次法也可达到试验目的。

在实际检测中，还需考虑到同样绝缘水平的产品，在不同地方的运行情况相差很大。影响电气设备在运行中绝缘性能是否可靠的因素除了设备本身的绝缘水平外，还有过电压保护措施、环境条件、运行状况和设备随使用时间的老化等，因此必须综合考虑这些因素的作用。

3. 导电回路检测

运行设备中发生的导电回路故障或事故表明，一旦存在导电回路接触不良，问题就会随着时间的推移而不断加剧。隔离插头上往往装有紧固弹簧，其受热后弹性变差，使接触电阻进一步加大，直至事故发生。为此，厂方也要严格型式试验中的温升试验项目，对于批量生产的品种，还应用额定电流下温升试验进行定期或不定期的抽试。尤其是大额定电流开关柜，宜对每台产品进行温升试验验证。

按照标准规定，用大电流直流压降法测量回路电阻就是防止导电回路事故的一种方法。由于回路电阻测量的使用电流受到限制，即使测量结果合格，但在运行中仍然发生载流事故的已有好多次。实践表明，这并不是一种十分可靠的办法，不应完全依赖它。

对于用户来说，产品投运后要对其载流量和稳定性做到心中有数，要确保设备的可靠、安全运行。在产品投运初期，加强监视十分必要，在高峰负荷及夏季环境温度较高时，监视设备的运行状态尤其重要。例如，可采用红外测温等方法监视设备的发热情况，及时发现潜伏的不正常发热现象。

4. 灭弧室真空度及其检测

（1）真空度。真空断路器是用真空作为灭弧介质和绝缘介质的。根据相关规定，要满足真空灭弧室的绝缘强度，真空度不能低于 $6.6 \times 10^{-2} \mathrm{Pa}$，工厂制造的新真空灭弧室要达到 $7.5 \times 10^{-4} \mathrm{Pa}$。

（2）真空度降低的原因。真空灭弧室真空度降低的原因有以下两点：

1）真空灭弧室漏气：主要是焊缝不严密或密封部位存在微小漏孔造成的。

2）操作传动杆的动作距离，触头超行程调整不当等可造成对真空灭弧室的激烈冲击震动，会使断路器真空度降低。

（3）真空度检测。由于真空灭弧室真空度会降低，当其降低到一定数值时会影响其工作性能和耐压水平，因此必须在真空断路器大、小修时测量真空灭弧室的真空度。目前采用的真空度检测方法有以下几种。

1）火花计法。这种方法比较简单，但只适合玻璃管真空灭弧室。使用时，让火花探漏仪在灭弧室表面移动，在其高频电场作用下内部有不同的发光情况，根据发光的颜色判断真空灭弧室的真空度。若管内有淡青色辉光，则其真空度在 10^{-3}Pa 以上；如呈蓝红色，说明玻璃管已经失效；如管内已处于大气状态，则不会发光。

2）观察法。这种方法只能定性地对玻璃管真空灭弧室进行观察。真空灭弧室内部真空度降低时常常伴随着电弧颜色改变及内部零件氧化，所以应定期对玻璃外壳的真空灭弧室进行观察。正常时内部的屏蔽罩等部件表面颜色很明亮，在开断电流时发出的是蓝色弧光；当真空度降低严重时，内部的屏蔽罩等部件表面颜色就会变得灰暗，开断电流时发出的是暗红色弧光。

3）工频耐压法。这种方法在检修中比较常用。对于真空断路器，要定期对断路器主回路对地、相间及断口进行交流耐压试验。其检测方法如下：当断路器处于分闸状态时，在触头间施加额定电压，如果真空灭弧室内部发生持续火花放电，则表明真空度严重降低，否则表明真空度符合要求。对于真空度严重劣化的真空灭弧室，采用工频耐压法非常简单有效。

4）真空度测试仪。相对以上方法，利用真空度测试仪定量测量真空度要准确得多，目前比较精确的方法是磁控法，主要使用的真空度测试仪有 VCTT-ⅢA 型和 ZKZ-Ⅲ型等。该方法较适用于制造厂对真空灭弧室的真空度的检测。

2 局部放电检测

局部放电是指电气设备在电压的作用下，绝缘结构内部的气隙、油膜或导体的边缘发生的非贯穿性的放电现象。

高压开关柜的绝缘故障主要表现为外绝缘对地闪络击穿，内绝缘对地闪络击穿，相间绝缘闪络击穿等，各类绝缘缺陷发展至最终击穿，酿成事故前，往往先经过局部放电阶段，局部放电的强弱能够及时反映绝缘状态，因此通过在对局部放电的监测来判断绝缘状态是实现开关柜绝缘在线监测和诊断的有效手段。

2.1 局部放电的定义、产生原因及类型

2.1.1 局部放电的定义

高压电气设备内常用的固体绝缘物不可能做得十分纯净致密，难免会不同程度地包含一些分散性的异物，如各种杂质、气泡、空隙、水分和污秽等，有些是原材料不纯所致，有些是运行中绝缘物的老化、分解等过程中产生的，而且在运行中这些缺陷还会逐渐发展。由于这些异物的电导和介电系数不同于绝缘物，因此在外施电压作用下电气设备的电场强度往往是不相等的，当异物局部区域的电场强度达到该区域介质的击穿场强时，该区域就会出现放电，但这种放电并没有贯穿施加电压的两导体之间，即整个绝缘系统并没有击穿，仍然保持绝缘性能，这种现象称为局部放电。发生在绝缘体内的局部放电称为内部局部放电，发生在绝缘体表面的局部放电称为表面局部放电，发生在导体边缘而周围都是气体的局部放电称为电晕局部放电。

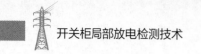

2.1.2 产生局部放电的原因

造成电场不均匀的因素很多，如下所述：

（1）电气设备的电极系统不对称，如针对板、圆柱体等。在电动机线棒离开铁芯的部位、变压器的高压出线端、电缆的末端等部位电场比较集中，如不采取特殊措施，就很容易在这些部位首先产生放电。

（2）介质不均匀造成电场不均匀，在交变电场下，介质中的电场强度反比于介电常数，因此介电常数小的介质中电场强度高于介电常数大的。

（3）绝缘体中含有气泡或其他杂质。气体的相对介电常数接近于 1，各种固体、液体介质的相对介电常数都要比气体大 1 倍以上，而固体、液体介质的击穿场强一般要比气体介质的大几倍到几十倍，因此绝缘体中有气泡存在是产生局部放电的最普遍的原因。绝缘体内的气泡可能是产品制造过程中残留下的，也可能是在产品运行中由于热胀冷缩在不同材料的界面上出现了裂缝，或者因绝缘材料老化而分解出气体。此外，在高场强中若有电位悬浮的金属存在，也会在其边缘感应出很高的场强。如果在电气设备的各连接处接触不好，也会在距离很微小的两个接点间产生高场强。这些都可能造成局部放电。

局部放电会逐渐腐蚀、损坏绝缘材料，使放电区域不断扩大，最终导致整个绝缘体击穿。因此，必须把局部放电限制在一定水平之下。对于高电压电工设备，都把局部放电的测量列为检查产品质量的重要指标，产品不但出厂时要做局部放电试验，而且在投入运行之后还要经常进行测量。

2.1.3 局部放电的类型

局部放电是一种复杂的物理过程，有电、声、光、热等效应，还会产生各种生成物。从电学特性方面分析，产生放电时，在放电处有电荷交换、电磁波辐射和能量损耗。局部放电的类型依据其位置的不同大致可分为内部局部放电、沿面局部放电、电晕局部放电和悬浮局部放电四种类型。

1. 内部局部放电

绝缘内部或绝缘与电极之间发生放电，大多由于绝缘材料中的气隙、杂质造成。它们不仅形状和大小会对放电的特性产生影响，其位置也对放电特性有影响。

内部局部放电的放电特性可以通过一个简单的模型和等效电路来说明，如图 2-1 所示。图 2-1（a）是模拟一个含有一个小气泡的绝缘体，图中，c 是绝缘体中的小气泡，b 是与气泡串联的部分介质，a 是其他部分介质。从电路的观点来分析，可以用图 2-1（b）所示等效电路来表示。图中，C_c、R_c 并联代表气泡 c 的阻抗；C_b、R_b 并联代表 b 部分的阻抗；C_a、R_a 并联代表 a 部分的阻抗。由于一次放电时间很短（$10^{-9} \sim 10^{-7}$S），在分析放电过程中这种高频信号传递时，可以把电阻都忽略，只考虑 C_c、C_b、C_a 组成的等效回路。

如图 2-1（a）所示，当工频高压施加于这个绝缘体的两端时，如果气泡上承受的电压没有达到气泡的击穿电压，则气泡上的电压 u_c 就随外加电压的变化而变化。若外加电压足够高，则当 u_c 上升到气泡的击穿电压 u_{CB} 时，气泡发生放电。放电过程使大量中性气体分子电离，变成正离子和电子或负离子，形成了大量的空间电荷。

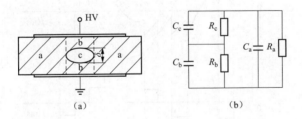

图 2-1　内部局部放电的简单模型和等效电路

（a）简单模型；（b）等效电路

这些空间电荷在外加电场作用下迁移到气泡壁上，形成了与外加电场方向相反的电压 $-\Delta u_c$，如图 2-2 所示。这时气泡上的剩余电压 u_r 应是两者的叠加结果，即

$$u_r = u_{CB} - \Delta u_c < u_{CB} \tag{2-1}$$

即气泡上的实际电压小于气泡的击穿电压，于是气泡的放电暂停。气泡上的电压又随外加电压的上升而上升，直到重新到达 u_{CB} 时，又出现第二次放电。第二次放电过程中产生的空间电荷同样又建立起反向电压 $-\Delta u_c$，假定第一次放

电累积的电荷都没有泄漏，这时气泡中的反向电压为 $-2\Delta u_c$；又使气泡上的实际电压下降到 u_r，于是放电又暂停。之后气泡上的电压又随外加电压上升而上升，当它达到 u_{CB} 时又产生放电。这样在外加电压达到峰值前，若放电 n 次，则放电产生的空间电荷所建立的内部电压为 $-n\Delta u_c$。在外加电压过峰值后，u_c 开始下降，当气泡上的电压达到 $-u_{CB}$ 时，即 $-n\Delta u_c + u_c = -u_{CB}$ 时，气泡又发生放电，但这时放电产生的空间电荷的移动方向取决于内部空间电荷所建立的电场方向，于是中和一部分原来累积的电荷，使内部电压减少了一个 Δu_c。当气隙上的电压降达到 $-u_r$ 时，放电又暂停。之后气隙上的电压又随外加电压下降向负值升高，直到重新达到 $-u_{CB}$ 时，放电又重新发生。假定每次放电产生的 Δu_c 都一样，并且 $u_{CB} = |-u_{CB}|$，则当外加电压（瞬时值）过零时放电产生的电荷都消失，于是在外加电压的下半周期重新开始一个新的放电周期。

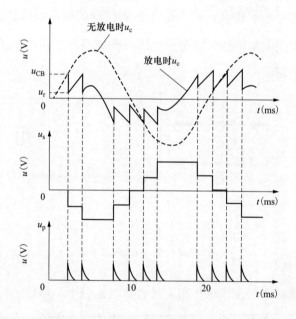

图 2-2　放电过程

u_c—气泡上的电压；u_s—放电产生的反向电压；u_p—放电产生的脉冲信号

　　通常介质内部气泡的放电在正负两个半周内基本上是相同的，在示波屏上可以看到正负半周放电脉冲基本上是对称图形，如图 2-3 所示。

　　从实际测得的放电图形可以看出，放电没有出现在试验电压的过峰值的一段相位上,这与上述放电过程的解释是相符的,但每次放电的大小,即脉冲的高度并不相等,而且放电多是出现在试验电压幅值绝对值的上升部分的相位上,只有在放电很剧烈时才会扩展到电压绝对值下降部分的相位上。这可能是由于实际试品中往往存在

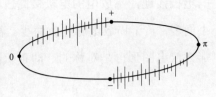

图 2-3 介质内部气泡的放电图形

多个气泡同时放电,或者是只有一个大气泡,但每次放电不是整个气泡表面上都放电,而只有其中的一部分。显然,每次放电的电荷不一定相同,且还可能在反向放电时不一定会中和原来累积的电荷,而是正负电荷都累积在气泡壁的附近,由此产生沿气泡壁的表面放电。另外,气泡壁的表面电阻值也不是无限大,放电时气泡中又会产生窄小的导电通道,这都使得一部分放电产生的空间电荷泄漏,累积的反向电压要比 $n\Delta u_c$ 小得多,如果 $|-n\Delta u| < |-u_{CB}|$,则在电压的下降部分的相位上就不会出现放电。这些实际情况都使得实际放电图形与理论上分析的不完全一样。

2. 沿面局部放电

如果电场中介质有一场强分量平行于表面,当此分量达到击穿场强时,沿面局部放电现象就可能会出现的。

沿面局部放电过程与内部放电过程基本相似,如图 2-4 所示。只要把电极与介质表面之间发生放电的区域所构成的电容记为 C_c,与此放电区域串联部分介质的电容记为 C_b,其他部分介质的电容记为 C_a,则上述等效电路及放电过程同样适用于沿面局部放电。不同的是,表面局部放电的气隙只有一边是介质,而另一边是导体,放电产生的电荷只能累积在介质的一边,因此累积的电荷变少,更不容易在外加电压绝对值的下降相位上出现放电。另外,如果电极系统不对称,放电只发生在其中一个电极的边缘,则其放电图形是不对称的。当放电的电极接高压,而不放电的电极接地时,在施加电压的负半周时放电量少,放电次数多;而正半周时放电量大,放电次数少,如图 2-4(b)所示。这是因为导体在负极性时容易发射电子,同时正离子撞击阴极产生二次电子发射,使得电极周围气体的起始放电电压低,因而放电次数多而放电量小。如果将放电

的电极接地，不放电的电极接高压，则放电图形将反过来，即正半周放电脉冲小而多，负半周放电脉冲大而少。若电极是对称的，即两个电极边缘场强一样，那么放电图形也是对称的，即正负两半周的放电基本相同。

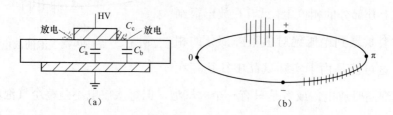

图 2-4 沿面局部放电的放电模型和放电图形

（a）放电模型；（b）放电图形

3. 电晕局部放电

电晕局部放电（尖端放电）发生在导体周围全是气体的情况下，气体中的分子是自由移动的，放电产生的带电质点也不会固定在空间的某一位置上，因此放电过程与上述固体或液体绝缘中含有气泡的放电过程不同。以针对板的电极系统为例，如图 2-5（a）所示，在针尖附近就发生放电，由于在负极性时容易发射电子，同时正离子撞击阴极发生二次电子发射，使得放电总是在针尖为负极性时先出现，这时正离子很快移向针尖电极而复合。电子在移向平板电极过程中附着于中性分子而成为负离子，负离子迁移的速度较慢，众多的负离子移向平板电极，随外加电压上升，针尖附近的电场又升高到气体的击穿场强，于是又出现第二次放电。这样，电晕的放电脉冲就出现在外加电压负半周的90°相位附近，几乎对称于90°，出现的放电脉冲几乎是等幅值、等间隔的，如图2-5（b）所示。随着电压的提高，放电大小几乎不变，而次数增加。当电压足够高时，在正半周也会出现少量幅值大的放电，正负半周的波形极不对称，如图 2-5（c）所示。

4. 悬浮局部放电

悬浮电位是高压电力设备中某一金属部件由于结构上的原因，在运输过程和运行中造成断裂，失去接地，处于高压与低压间，按其电容形成分压后在这一金属上的对地电位。

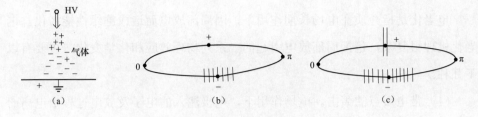

图 2-5　电晕局部放电的放电模型和放电图形

（a）放电模型；（b）起始放电时；（c）电压很高时

下面以在 SF$_6$ 绝缘母线管道中支撑导体的圆盘形环氧垫片悬浮为例进行悬浮放电分析。如果金属间隔插件和导体之间的连接是断开的，则该系统可简化成两个串联的电容器模型。如图 2-6 所示，假设外加电压为 U，则金属间隔插件与导体之间的气隙电压 $U_1=C_2U$（C_1+C_2）。当 U_1 达到其击穿电压时，就会发生局部放电。

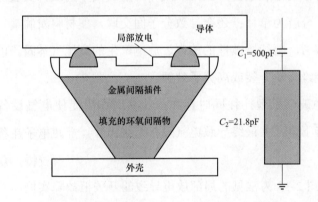

图 2-6　高压系统中的悬浮放电简化模型

实际的局部放电过程要复杂得多，往往是上述几种典型放电的综合表现。

2.2　开关柜局部放电的危害

由于局部放电只发生在一个或几个很小的区域内（如绝缘内部气隙或气泡），其放电量小，且并未形成贯穿性放电通道，因此局部放电的存在并不会影响电气设备的短时绝缘强度，但介质在局部放电的作用下会引起电气性能的老化（电老化）和击穿。

电老化是指介质在电场长期作用下，因局部放电而造成绝缘性能劣化。电老化机理很复杂，包括局部放电引起的一系列物理效应和化学变化，主要有以下几种：

（1）带电质点的轰击。电场作用下，电极注入的电子及放电过程中电离的电子、正负离子具有较高的能量，其撞击会打破绝缘体的化学键，破坏其分子结构。

（2）热。放电点处，介质发热可达很高的温度，会导致绝缘材料热裂解或促进其氧化裂解，同时温度提高会增加介质电导及损耗，进一步导致介质发热，加速电热老化。

（3）化学生成物。局部放电过程中生成的许多活性物，如臭氧，有水分时会产生硝酸、草酸等，会腐蚀绝缘体，使其介电性能劣化。

（4）辐射。局部放电会产生紫外线、X射线及γ射线，其会导致高分子材料主键断裂，分解为单体；还会导致分子间交联，使材料发脆。

（5）机械力。断续爆破性的放电、放电产生的高压气体及声波都会产生机械力，导致绝缘介质开裂或高分子裂解。

以上几种破坏机理往往同时存在，其共同作用促使电气设备绝缘材料老化，电气性能下降，并最终导致电气设备绝缘击穿，严重影响电气设备的安全运行。

图 2-7～图 2-13 为常见的局部放电导致的开关柜故障实例。

图 2-7　穿墙套管、触头盒无屏蔽层或
屏蔽不良

图 2-8　母排固定螺栓直接安装在
绝缘包裹上导致放电

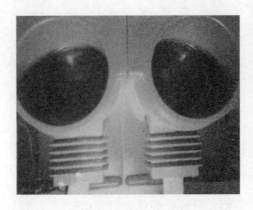

图 2-9　绝缘件之间空气间隙狭小

图 2-10　电缆接头加工工艺不良

图 2-11　螺栓紧固不良或运行中松动

图 2-12　绝缘件爬电距离不足

图 2-13　支撑绝缘子电容分压末端未接地或接地不良

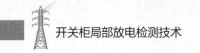

2.3 局部放电的参数及影响因素

2.3.1 表征局部放电的参数

1. 视在放电电荷

在绝缘体中发生局部放电时，绝缘体上施加电压的两端出现的脉动电荷称为视在放电电荷（q）。

视在放电电荷的测定方法如下：将模拟实际放电的已知瞬变电荷注入试品的两端（施加电压的两端），如果在此两端出现的脉冲电压与局部放电时产生的脉冲电压相同，则注入的电荷量即为视在放电电荷量。在一个试品中可能出现大小不同的视在放电电荷，通常以稳定出现的最大的视在放电电荷作为该试品的放电量。

视在放电电荷总比实际放电电荷小。在实际产品测量中，有时视在放电电荷只有实际放电电荷的几分之一甚至几十分之一。

2. 放电重复率

在测量时间内，每秒出现放电次数的平均值称为放电重复率。实际上，受测试系统灵敏度和分辨能力的限制，测得的放电重复率只能是视在放电电荷大于一定值、放电间隔足够大时的放电脉冲。

3. 放电能量

气泡中每一次放电发生的电荷交换所消耗的能量称为放电能量（w），通常以微焦耳（μJ）为单位。

4. 放电相位

各次放电都发生在外加电压作用之下，每次放电所在的外加电压的相位即为该次放电相位（φ）。在工频正弦电压下，放电相位与放电时刻的电压瞬时值密切相关。前后连续放电的相位之差可代表前后两次放电的时间间隔。

5. 放电平均电流

设在测量时间 T 内出现放电 m 次，各次相应的视在放电电荷为 q_1, q_2, $\cdots$, q_m，则平均放电电流为

$$I = \sum_{i=1}^{m} |q_i| / T \qquad (2-2)$$

该参数综合反映了放电量及放电次数。

6. 放电功率

设在测量时间 T 内出现 m 次放电，每次放电对应的视在放电电荷和外加电压瞬时值的乘积分别为 q_1u_{t1}，q_2u_{t2}，…，q_mu_{tm}，则放电功率为

$$P = \sum_{i=1}^{m} u_{ti}q_i / T \qquad (2-3)$$

该参数综合表征了放电量、放电次数及放电时外加电压瞬时值。与其他表征参数相比，该参数包含更多的局部放电信息。

7. 放电起始电压

外加电压逐渐上升，达到能观察到出现局部放电时的最低电压即为起始放电电压，以有效值 u_r 表示。为了避免测试系统灵敏度的差异造成测试结果的不可对比，实际上各种产品都规定了一个放电量水平，当出现的放电达到或一出现就超过该水平时，外加电压的有效值就作为放电起始电压。

8. 放电熄灭电压

当外加电压逐渐降低到观察不到局部放电时，外加电压的最高值就是放电熄灭电压，以有效值 U_e 表示。在实际测量时，为了避免因测试系统的灵敏度不同而造成不可对比，一般规定一个放电量水平，当放电不大于这一水平时，外加电压的最高值即为放电熄灭电压 U_e。

上述局部放电的表征参数都可应用专门的测试仪器，采用特定的分析方法进行测定。只有在仪器特性和测量方法都一样的条件下，测得的结果才是可比的。

2.3.2 影响局部放电特性的因素

局部放电的各表征参数与很多因素有关，除了介质特性和气泡状态之外，还与施加电压的幅值、波形和频率、作用时间及环境条件等有关。

1. 电压的幅值

随着电压升高，放电量和放电次数一般趋向于增加，原因如下：

（1）在电工产品中往往存在多个气泡，随着电压升高，更多更大的气泡开

始放电。在有液体的组合绝缘中，电压越高，放电越剧烈，产生的气泡越多，放电量和放电次数越大。

（2）即使是单个气泡，在较低电压下，也只是气泡中很小的部分面积出现放电。随着电压升高，放电面积增大，而且有更多的部位出现放电，于是放电量和放电次数增加。

（3）在表面放电中，随着电压升高，放电沿表面扩展，即放电的面积增大，放电的部位增多。

2. 电压的波形和频率

当工频交流电压中含有高次谐波时，会使正弦波的顶部变为尖顶或平顶，这取决于谐波与基波的相位差。当正弦波畸变为尖顶波时，其幅值增大，于是放电起始电压降低，放电量和放电次数都有明显增加。若畸变为平顶波，则只有当高次谐波分量较大时，如对于三次谐波而言要大于20%时，由于峰值被拉宽，放电次数有较明显增加，放电量略有增加，起始电压略有升高。

3. 电压作用时间

气体放电有一定的随机性，电压作用时间长，如升压速度慢或用逐级升压法升高，测得的起始放电电压要偏低。在电压的长期作用下，局部放电会使绝缘材料发生各种物理和化学效应，如试品中气泡的含量、气泡中气体的压力、气体的成分、气泡壁上的电导率、介电常数等都可能发生变化，这些变化都将导致局部放电状态的变化。

在一般情况下，随着电压作用时间的增加，局部放电会变得愈加剧烈。例如，在液体和固体的组合绝缘中，如果液体的吸气性不是很好，气泡会越来越多。在固体材料中会产生新的裂纹，产生低分子分解物和增塑剂挥发物，这些都会形成新的气泡。在放电部位出现树状的放电，也会加剧局部放电。在绝缘体表面放电中，由于放电的范围扩大，也会使放电加剧。

在有些情况下，随着电压作用时间的增加，在一定时间内放电反而衰减，甚至观察不到，出现"自衰"现象。

4. 环境条件

环境的温度、湿度、气压都会对局部放电产生影响。

（1）温度升高，气泡中的压力增大，液体的吸气性能改善，这将有利于减弱局部放电；但温度高会加速高分子聚合物分解，挥发低分子物质，这又可能加剧局部放电的发展。

（2）湿度对表面放电有很大影响。在极不均匀的电场中，由于湿度大，因此增大了电导和介电常数，改善了那里的电场分布，从而改善了局部放电。但对某些憎水性材料，在湿度较大时，表面会形成水珠，在水珠附近的电场集中而形成新的放电点。

（3）气压会明显影响外部的局部放电。在高原地区气压低，起始放电电压降低，因此局部放电问题会显得更严重。许多充 N_2 或 SF_6 等气体作为绝缘介质的电工设备，如果气压降低，就容易发生局部放电而导致击穿。

从上述影响因素中可以看出两种本质上的区别，一种只是在不同的条件下测量的结果发生了变化，另一种却是使试品本身放电特性发生了变化。前者在试验方法上应给予规定，使试验结果的可比性提高；后者还应考虑经过试验后产品性能可能发生变化，在设计试验时应注意试品可能承受的能力。由于影响因素很多，再加上气体放电本身是有随机性的，因此测量结果的分散性往往比较大。

2.4 局部放电检测

2.4.1 检测局部放电的目的

局部放电分散发生在极微小的空间内，所以它几乎不影响当时整体绝缘物的抗电强度。但是，局部放电时产生的电子、离子反复冲击绝缘物，会使绝缘物逐渐分解、破坏，分解出化学活动的物质（如臭氧、氧化氮等），使绝缘物氧化、腐蚀；同时，该处的局部电场畸变更大，进一步加剧局部放电的强度；局部放电处也可能产生局部高温，使绝缘物老化破坏，继而降低绝缘物的绝缘寿命或影响设备的安全运行。局部放电的危害程度一方面取决于放电的强度和放电次数的多少，另一方面也取决于绝缘材料的耐放电性能和放电作用下绝缘的破坏机理。

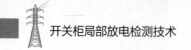

2.4.2 局部放电检测方法

目前主流的局部放电检测方法主要有脉冲电流法、特高频法、接触式超声波法、暂态对地电压法和非接触式超声波法、振荡波法等。

脉冲电流法是唯一能够对局部放电量进行直接定量检测的方法，其主要检测参数为放电量（q）、放电频次（n）、放电相位（q）等，其中基于放电量可以判断局部放电严重程度。除此之外，基于上述 3 个参数，还可绘制 PRPD（Phase Resolved Partial Discharge，相位分辨的局部放电）谱图，实现对局部放电类型的判断，并结合电气设备内部结构特征推断局部放电部位。

除脉冲电流法外，其余局部放电检测方法均无法实现对局部放电量的定量测量，且均为间接测量法，测得的局部放电信号的强度和局部放电的放电量、局部放电类型及放电信号的传播路径等有关。由于局部放电信号传播路径变化复杂，不能简单地仅由信号强度判断局部放电量或判断绝缘缺陷严重程度，因此其中部分方法，如特高频法、接触式超声波法等参考了脉冲电流法的谱图思想，发展出 PRPS（Phase Resolved Pulse Sequence，相位分辨的脉冲序列）谱图、幅值谱图、脉冲谱图、相位谱图等一系列谱图，并基于谱图实现局部放电类型、部位、严重程度的判断及干扰排除。

1. 脉冲电流法

（1）检测原理。脉冲电流法是通过获取被测阻抗在耦合电容侧或通过罗戈夫斯基线圈从电力设备的中性点或接地点的高频脉冲电流，来判断局部放电特征的方法。根据局部放电引起的脉冲电流，可以获得诸如视在放电量、放电相位、放电频次等信息，根据检测的信息即可进行绝缘程度评估。脉冲电流法是目前唯一有国际标准的局部放电检测方法。

局部放电信号能量主要集中在几千赫兹至几兆赫兹的低频带内，因此脉冲电流法选择较低频段对局部放电信号进行测量，以避免无线电信号的干扰。由于局部放电在试验回路中产生脉冲电流，电流脉冲经检测阻抗就转换成电压脉冲，因此电压脉冲的波形和幅值可被测量。电压脉冲的幅值与视在放电量 q 的大小成正比，放电量的单位为 pC。脉冲电流法基本原理如图 2-14 所示。

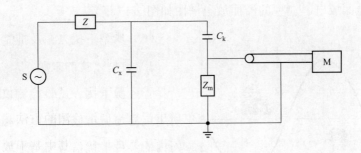

图 2-14 脉冲电流法基本原理

C_x—试品电容；C_k—耦合电容；Z_m—检测阻抗；M—局部放电仪；Z—保护电阻；S—电源

C_x 产生局部放电时，C_x 两端产生瞬间电压变化Δu，Δu 在 C_x 和耦合电容 C_k 及检测阻抗 Z_m 组成的回路中产生一脉冲电流 i，i 在检测阻抗 Z_m 上转换后，局部放电仪 M 可采集到局部放电脉冲电压。为了把局部放电脉冲电流转换为电压信号，需要使用耦合装置。耦合装置由 RC 回路或 RLC 回路（包括脉冲变压器）组成，其作用是把局部放电电流脉冲信号转变为与局部放电仪带宽接近的电压信号，经输入端接入局部放电仪。耦合装置应与局部放电仪配套使用。

（2）检测图。脉冲电流法的检测图主要为 PRPD 谱图。PRPD 谱图是一种二维散点图，一般情况下 x 轴表示相位，y 轴表示信号强度或幅值，点的累积颜色深度代表此处放电脉冲的密度。

1）绝缘件内部气隙放电。典型的绝缘件内部气隙放电谱图如图 2-15 所示。

2）金属尖端放电。典型的金属尖端放电谱图如图 2-16 所示。

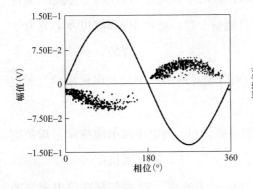

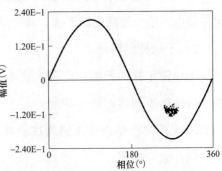

图 2-15 绝缘件内部气隙放电谱图   图 2-16 金属尖端放电谱图

3）沿面放电。典型的沿面放电谱图如图 2-17 所示。

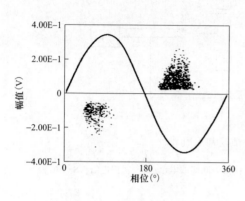

图 2-17　沿面放电谱图

（3）典型干扰来源及抑制措施。

1）典型干扰的来源。

①电源干扰。试验检测仪器及试验所用电源与城市低压配电网相连，配电网内的各种干扰信号易对现场局部放电测量造成干扰。

②各类电磁干扰。邻近高压带电设备或高压输电线路、无线电发射器及其他诸如晶闸管、电刷等试验回路以外的高频信号均会以电磁感应的形式经杂散电容或杂散电感耦合到试验回路，其波形往往与试品内部放电不易区分，对现场测量影响较大。该类型干扰的特点是波形幅值的大小一般与试验电压的高低无关。

③试验回路接触不良或试验设备自身放电。试验回路中由于各连接处接触不良会产生接触放电干扰。电晕放电产生于试验回路中电场集中处的导电部分，如试品的法兰、金属盖帽、试验设备端部及高压引线等尖端部分。

④接地系统干扰。试验回路接地方式不当，如两点或多点接地的接地网系统中，各种高频信号会经接地线耦合到试验回路形成干扰。这种干扰幅值一般与试验电压无关。

⑤金属物体悬浮电位放电。邻近试验回路的不接地金属物体产生的感应悬浮电位放电也是一种常见的干扰。其特点是幅值一定，随电压升高放电频次增加。

2）干扰抑制措施。

①电源干扰的抑制。电源干扰主要来自电源网络、中频发电机组或变频电源，可选择下列措施进行抑制：

a．采用单台站用变压器为试验系统单独供电，供电电源电缆应尽量避免交叉缠绕并独立排列。

b．在交流 380V 工频电源入口设置低通滤波器，可抑制来自供电网络的干扰。

c．在被试变压器施加电压的入口设置高压阻波器，其阻塞频率与局部放电测量系统的频带范围相匹配，可抑制试验电源系统的传递干扰。

d．选用具有内部屏蔽式结构的中间试验变压器，阻隔干扰信号的耦合。

e．在测量仪器交流 220V 电源入口设置屏蔽型隔离变压器、采用专用独立电源等措施可抑制测量仪器电源回路干扰。

②接地系统干扰的抑制。

a．整个试验回路原则上应一点接地。采用带有绝缘护套的接地线、放射形连接、缩短接地线长度等措施，可抑制来自接地线回路的干扰。

b．在变电站内选择其他独立接地点作为测量回路的接地，可抑制测量回路的干扰。

③空间电磁干扰的抑制。

a．尽量减小试验回路的尺寸，并合理选择局部放电测量仪器的频带。

b．尽量缩短局部放电检测阻抗信号传输线的长度，检测阻抗应就近接地，减小空间干扰对检测阻抗的影响。

c．试品周边金属物件均应可靠接地。

d．对于相位固定、幅值较高的干扰，可利用具有选通元件的测量仪器消除。

④电晕放电的抑制。

a．在试品的高电位处加装合适尺寸的均压罩，并可靠连接，防止电晕放电和悬浮放电对局部放电测量的影响。

b．采用直径不小于 80mm 的金属屏蔽管内穿绝缘载流线作为高压试验引线。

c．绝缘载流线应具有足够的载流面积，与金属屏蔽管应只有一点连接。

d．整个试验回路中试验设备之间的连接应牢固可靠，避免悬浮放电。

⑤其他干扰抑制措施。

a．在试验前监测每日不同时段的干扰情况，掌握干扰规律，找到干扰较小的时间窗口。尽量安排在干扰较小的时段进行试验，必要时，在试验过程中暂停试验场地周围的电焊及油处理作业。

b．综合考虑气候环境的影响，环境湿度对空间电荷影响较大，相对湿度在50%～70%时开展试验较为理想。

c. 控制试验设备自身局部放电水平，避免试验设备自身放电而影响局部放电测量结果。

d. 加强试验过程中的监测。在试验过程中，用紫外线成像仪可监测试品的电晕放电，发现电晕放电后采取相应的屏蔽措施；使用超声波定位仪对试品进行辅助监测，以判断放电来源。

2. 特高频法

（1）检测原理。在局部电产生过程中，每一次局部放电都会发生正负电荷的中和，伴随有一个高频的电流脉冲，其上升时间为纳秒级或亚纳秒级，并激发特高频段的电磁波。

局部放电特高频检测法的基本原理是通过特高频传感器对电力设备中发生局部放电时产生的特高频电磁波信号进行检测，从而获得局部放电的相关信息。

（2）检测谱图。特高频局部放电谱图主要分为 PRPS 谱图和 PRPD 谱图。其中，PRPS 谱图是一种三维柱形图，一般情况下 x 轴表示相位，y 轴表示信号周期数量，z 轴表示信号强度或幅值，柱形颜色深度代表信号强度或幅值大小。

综合上述两种谱图特征，可判断局部放电类型，并结合电气设备内部结构特征及特高频定位结果推断局部放电部位及严重程度。

1）自由金属颗粒放电。自由金属颗粒放电的特征：放电幅值分布较广，放电时间间隔不稳定，其极性效应不明显，在整个工频周期相位均有放电信号分布，如图 2-18 所示。

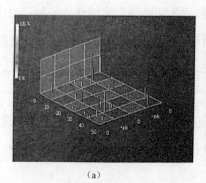
（a）

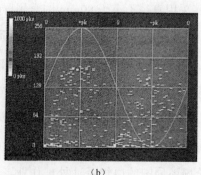
（b）

图 2-18　自由金属颗粒放电谱图

（a）典型 PRPS 谱图；（b）典型 PRPD 谱图

2）悬浮电位体放电。悬浮电位体放电的特征：放电脉冲幅值稳定，且相邻时间间隔基本一致。当悬浮金属体不对称时，正负半波检测信号有极性差异。悬浮放电由于幅值较高且稳定，因此在 PRPD 谱图中会形成两个特殊的悬浮状"云朵"，如图 2-19 所示。

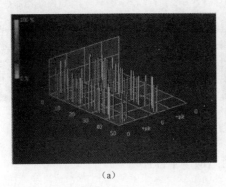
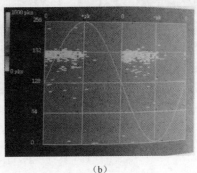

（a）　　　　　　　　　　　　（b）

图 2-19　悬浮电位体放电谱图

（a）典型 PRPS 谱图；（b）典型 PRPD 谱图

3）绝缘件内部气隙放电。绝缘件内部气隙放电的特征：放电次数少，周期重复性低；幅值较分散，但相对稳定，无明显极性效应，如图 2-20 所示。

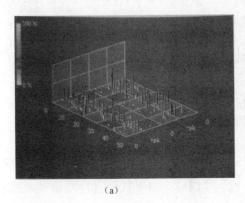
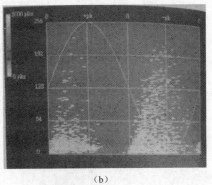

（a）　　　　　　　　　　　　（b）

图 2-20　者绝缘件内部气隙放电谱图

（a）典型 PRPS 谱图；（b）典型 PRPD 谱图

4）金属尖端放电。金属尖端放电的特征：放电次数较多，放电幅值分散性小，时间间隔均匀；放电的极性效应非常明显，通常仅在工频相位的负半周出现，如图 2-21 所示。

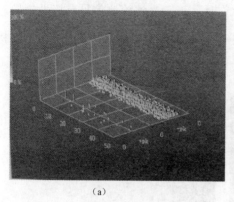
(a)

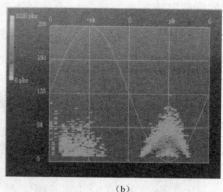
(b)

图 2-21　金属尖端放电谱图

（a）典型 PRPS 谱图；（b）典型 PRPD 谱图

（3）抑制干扰的措施。特高频局部放电检测中，抑制干扰的措施主要有滤波器法、屏蔽带法、干扰识别法和干扰定位法。

1）滤波器法。滤波器法是利用滤波器抑制干扰。例如，对于较强的电晕信号，其在 300MHz 以上幅值仍很高，对现场检测造成很大影响，可采用下限截止频率为 500MHz 的高通滤波器进行抑制；对于常见的手机通信干扰，则可以采用 900MHz 的窄带阻波器进行抑制；还可使用窄带法检测，如采用 300～600MHz 避开高频干扰信号，或采用 1GHz 以上避开低频干扰信号。需要注意的是，多数局部放电产生的电磁波信号主要集中在 1GHz 以下，因此应尽量避免使用 1GHz 以上的高通滤波器进行抗干扰检测。

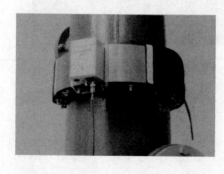

图 2-22　屏蔽带屏蔽外部空间干扰

2）屏蔽带法。则屏蔽带法主要用于不带金属屏蔽的盆式绝缘子检测时消除外部干扰。检测时，如果发现有异常信号，则采用由金属丝制成的屏蔽带，将除传感器放置位置外的盆式绝缘子其他外露部位全部包扎起来，使外部干扰信号无法直接进入传感器，从而实现抗干扰效果，如图 2-22 所示。

3）干扰识别法。对重复出现的干扰信

号，可以根据信号的波形特征、频谱特征和工频相关性进行识别和消除。常见干扰谱图如下。

①手机干扰。手机干扰的特征：波形相对固定，幅值稳定，没有工频相关性，不具有相位特征，有特定的重复频率，如图 2-23 所示。

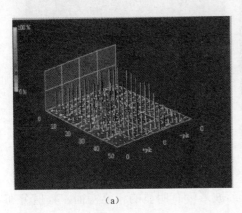
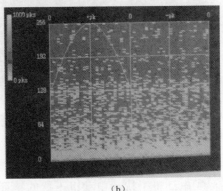

(a)　　　　　　　　　　(b)

图 2-23　手机干扰谱图

(a) 典型 PRPS 谱图；(b) 典型 PRPD 谱图

②灯具干扰。灯具干扰的特征：波形幅值变化较大，没有工频相关性，不具有相位特征，没有周期重复现象，如图 2-24 所示。

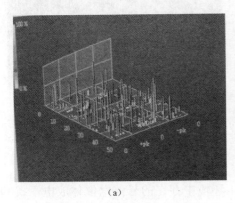
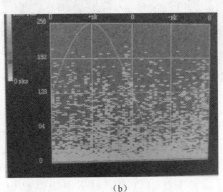

(a)　　　　　　　　　　(b)

图 2-24　灯具干扰谱图

(a) 典型 PRPS 谱图；(b) 典型 PRPD 谱图

③雷达干扰。雷达干扰的特征：波形有明显的具有周期性特征的峰值点，

没有工频相关性，不具有相位特征，如图 2-25 所示。

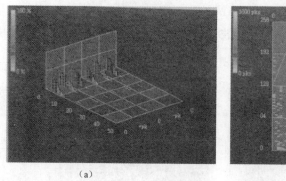

图 2-25　雷达干扰谱图

（a）典型 PRPS 谱图；（b）典型 PRPD 谱图

④电动机干扰。电动机干扰的特征：波形没有明显的相位特征，幅值分布较广，如图 2-26 所示。

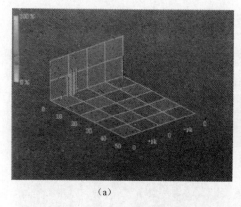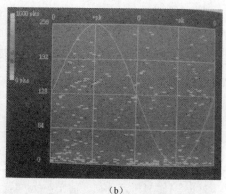

图 2-26　电动机干扰谱图

（a）典型 PRPS 谱图；（b）典型 PRPD 谱图

4）干扰定位法。对于变电站高电压环境中存在的悬浮电位体放电干扰和电气设备中存在的电气接触不良产生的放电干扰，其信号频谱特征和脉冲波形特征与 GIS 内部的局部放电非常相似，难以通过滤波和屏蔽等措施有效消除，也难以有效识别和区分。对于这类由于放电产生的干扰，可以通过放电定位进行有效识别和消除。放电定位是重要的抗干扰环节，GIS 局部放电诊断必须通过定位测量进行确认。

一般情况下，在盆式绝缘子上发现信号后，将传感器拿开朝向外侧，如果信号变强，则很可能是外部干扰，可以使用平面分法来定位外部信号，如图 2-27 所示。平面分法定位首先将两个传感器按照相同朝向放置，移动两个传感器的位置，使示波器两个通道信号重叠，这时信号源位于两个传感器中间的一个平面上。采用同样的方式在相对的方向上及上下的方向上各确定一个平面，最终可查找到信号源的位置。

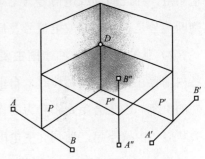

图 2-27　平面分法定位原理

3. 接触式超声波法

（1）检测原理。电气设备内部产生局部放电时会产生冲击的振动及声波，接触式超声波法的基本原理就是通过安装在电气设备外壳上的超声波传感器检测局部放电产生的超声波信号来实现局部放电信号的检测，如图 2-28 所示。

（2）检测谱图。超声波局部放电谱图主要分为幅值谱图、脉冲谱图和相位谱图。

1）幅值谱图。幅值谱图中通常包含 4 个参量，分别为有效值、峰值、50Hz 分量和 100Hz 分量，如图 2-29 所示。

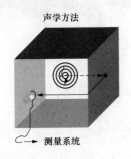

图 2-28　接触式超声波法检测局部放电原理

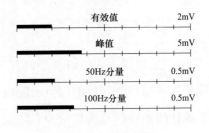

图 2-29　幅值谱图

有效值和峰值是指一个工频周期（20ms）内超声波信号的有效值和最大峰值。50Hz 分量和 100Hz 分量是对超声波信号进行傅里叶变换后得到的，对应于幅频特性曲线上 50Hz 和 100Hz 频率处的幅值。50Hz 分量和 100Hz 分量主要用于表征局部放电与工频周期的相关性，由于局部放电通常发生在工频周期峰值附近，因此局部放电信号与工频周期具有一定的相关性，这种相关性可用于判断信号是否为局部放电信号及局部放电类型。

2）脉冲谱图。脉冲谱图主要用于发现自由金属颗粒放电缺陷。当电气设备内部存在自由金属颗粒时，自由金属颗粒在电场中会在颗粒两端感应不同极性的电荷，因此会受到库仑力的作用。当库仑力大于颗粒自身的重力时，颗粒会从腔体内壁浮起，受到交变电磁场的作用，自由金属颗粒会在电气设备内部沿电场方向上下跳跃。脉冲谱图是将 N（N 一般为 1000）个超声波信号的飞行时间 Δt 和幅值 A 绘制成的散点图，如图 2-30 所示。其中，超声波信号的飞行时间 Δt 是指两个超声波信号的时间差（即自由金属颗粒每次撞击 GIS 壳体的时间间隔），如图 2-31 所示。飞行时间 Δt 表征了自由金属颗粒的跳跃高度，幅值 A 表征了自由金属颗粒的大小。显然，飞行时间越长，幅值越高，代表自由金属颗粒从 GIS 电场和磁场中获得的能量越大，其危险性也越高。

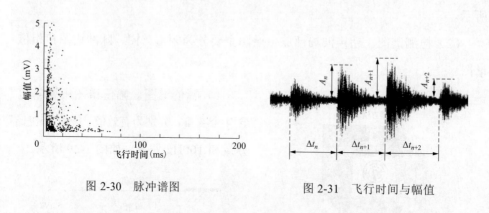

图 2-30 脉冲谱图　　　　　　　图 2-31 飞行时间与幅值

3）相位谱图。相位谱图是将 N（N 一般为 100）个超声波信号对应的工频周期相位和超声波信号的幅值绘制成的散点图，如图 2-32 所示。相位谱图主要用于统计超声波信号的相位分布特征，由于局部放电一般发生在工频电压峰值（90°、270°）附近，因此相位谱图可以区别超声波到时信号是否是由于局部放电造成的，并可用于区分局部放电类型。虽然相位谱图与幅值谱图中的 50Hz 分量、100Hz 分量都可用于表征局部放电信号与工频周期的相关性，但相位谱图包含的信息更丰富。

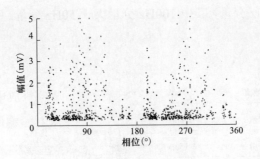

图 2-32　相位谱图

综合上述 3 种谱图特征，可判断局部放电类型，并结合电气设备内部结构特征及超声波定位结果推断局部放电部位及严重程度。

4）典型的局部放电幅值谱图和脉冲谱图。

a. 自由金属颗粒放电。典型的自由金属颗粒放电谱图如图 2-33 所示。从图 2-33 中可以看出，自由金属颗粒放电的特征是：①有效值和峰值均较大（通常大于几十毫伏，有时甚至大于几百毫伏），且峰值波动范围较大；②无 50Hz 分量和 100Hz 分量，或均较小；③脉冲谱图中可明显观察到以 20ms 为周期的三角形序列。

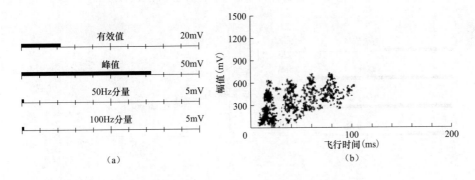

图 2-33　自由金属颗粒放电谱图

（a）幅值谱图；（b）脉冲谱图

b. 悬浮电位体放电。典型的悬浮电位体放电谱图如图 2-34 所示。从图 2-34 中可以看出，悬浮电位体放电的特征是：①有效值和峰值均较大（通常大于几毫伏，有时甚至大于几百毫伏），但一般均较为稳定，波动性较小；②同时存在 50Hz 分量和 100Hz 分量，其中 100Hz 分量大于 50Hz 分量；③相位谱图中呈现双峰形状。

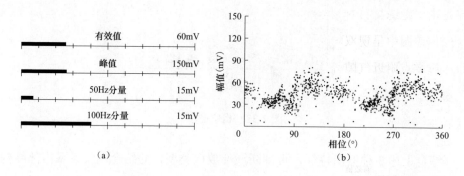

图 2-34 悬浮电位体放电谱图

（a）幅值谱图；（b）相位谱图

c. 金属尖端放电。典型的金属尖端放电谱图如图 2-35 所示。从图 2-35 中可以看出，金属尖端放电的特征是：①同时存在 50Hz 分量和 100Hz 分量，其中 50Hz 分量大于 100Hz 分量；②相位谱图中主要呈现单峰形状。金属尖端使得电场场强局部增高，当交流场强超过某一水平时，首先在负峰值处发生放电；当电压继续升高时，放电次数增加，在正峰值时也可能发生放电。

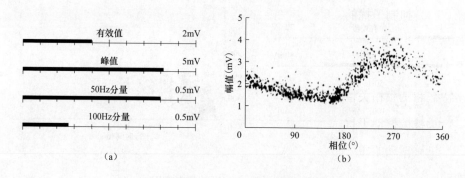

图 2-35 金属尖端放电谱图

（a）幅值谱图；（b）相位谱图

d. 绝缘件表面脏污放电。大量试验研究表明，超声波局部放电检测对绝缘件表面脏污放电不敏感，原因是盆式绝缘子、支撑绝缘子等绝缘件对超声波的衰减较大。

e. 绝缘件内部气隙放电。典型的绝缘件内部气隙放电谱图如图 2-36 所示。从图 2-36 中可以看出,绝缘件内部气隙放电的特征是:①有效值和峰值均较低,这是由于绝缘材料对超声波的衰减较大;②50Hz 分量和 100Hz 分量较为明显;③相位谱图中呈现双峰形状,当局部放电明显时,呈现"兔耳"形状。因为在电压过零点附近气隙外加电场极性反转,与气隙内部电场同一方向,两个场强的叠加导致气隙内部场强剧增,使得放电剧烈,所以出现"兔耳"形状这样信号较强的特征。

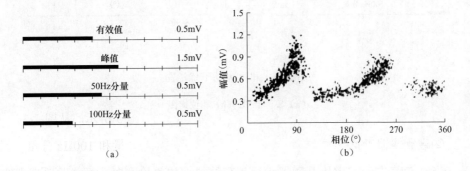

图 2-36　绝缘件内部气隙放电谱图

(a) 幅值谱图;(b) 相位谱图

(3) 抑制干扰的措施。接触式超声波局部放电检测中,抑制干扰的措施主要有干扰识别法和干扰定位法。

1) 干扰识别法。对重复出现的干扰信号,可以根据信号的波形特征、频谱特征和工频相关性进行识别和消除。常见的干扰谱图特征如下。

①机械振动干扰。

机械振动的主要特征是相位谱图中存在黑线或黑点,如图 2-37 所示。机械振动可能会造成局部放电或击穿(如造成悬浮电位体放电或金属部件脱落引起击穿等),也可能不会造成局部放电或击穿。由于难以判断,因此实际检测时需要仔细分析机械振动来源,必要时以其他检测手段(如 X 射线透视、SF_6 气体成分分析等)进行辅助分析,判断其产生原因及可能造成的后果。

此外,需要注意的是,超声波局部放电仪使用时应接地且保证接地良好。

当超声波局部放电检测设备接地不良时，也会使得相位谱图中存在黑线。这是由于 GIS 壳体存在环流，导致沿壳体的电位不同，这可能会在壳体和超声波传感器之间引起小的局部放电，这种放电会对超声波检测产生干扰，使得相位谱图中存在黑线。

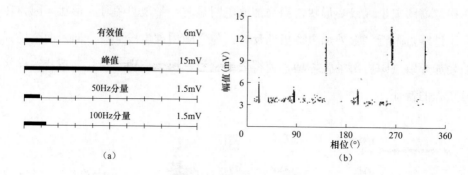

图 2-37　机械振动干扰谱图

（a）幅值谱图；（b）相位谱图

②磁致伸缩干扰。

当对 GIS 电磁式电压互感器进行超声波局部放电检测时，可能发现超声波信号与背景噪声不同，并且可能表现为与悬浮电位体放电特征相似的谱图。这种噪声是由于钢体的磁致伸缩现象引起的，钢体（导磁）的工频周期交变磁场改变了磁化的状态，这就引起了噪声。

典型的电磁式电压互感器磁致伸缩噪声谱图如图 2-38 所示。从图 2-38 中可以看出，电磁式电压互感器磁致伸缩噪声的特征是：①谱图特征与悬浮电位体放电特征相似，但有效值和峰值均较小（通常为零点几毫伏到几毫伏）；②电磁式电压互感器三相的测试结果一致度较高。

电磁式电压互感器磁致伸缩噪声由于与绝缘系统无关，因此其是无害的。

2）干扰定位法。GIS 室风扇、主变压器、主变压器风扇、汇控柜继电器等干扰源会产生振动现象，经过空气、外壳、地基等传播到电气设备外壳，被接触式超声波传感器检测到，对接触式超声波检测带来干扰。此时可以将接触式传感器放在上述干扰源外壳和被测电气设备外壳上，比较两通道超声波是否一致，即通过两者的时差关系来分辨。

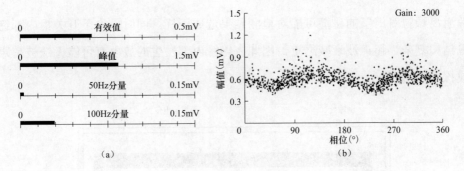

（a）

（b）

图 2-38　磁致伸缩

（a）幅值谱图；（b）相位谱图

4. 暂态对地电压法和非接触式超声波法

（1）检测原理。

暂态对地电压法是通过检测开关柜局部放电在电气设备接地金属外壳上感应出电压来实现的。当开关柜对地绝缘部分发生局部放电时，高压带电导体与接地金属壳之间就有少量电容性放电电量，这种电容性放电电量的特点是电量很小（几兆分之一库仑），持续时间很短（几纳秒）。由于放电点在开关柜内部，因此电磁波产生的电压脉冲在金属外壳内表面上传播，被金属外壳所屏蔽。如果屏蔽层是连续的，则无法在外部检测到放电信号。实际上，屏蔽层通常在金属箱体的接缝处、气体绝缘开关的衬垫处、垫圈连接处、电缆绝缘终端等部位因中断而导致不连续。当电压脉冲通过这些不连续处时，将通过这些通道传播出去，然后沿着金属壳外表传到大地。同时，在开关柜的金属箱体上产生一个暂态对地电压（一般在几十毫伏至几伏，而且时间只能维持几纳秒），可以在运行中的开关柜金属外箱壳上放置电容耦合式传感器来检测该信号。暂态对地电压产生原理如图 2-39 所示。

非接触式超声波检测是将中心频率在 40kHz 附近的超声波传感器放置在被检测开关柜的缝隙处，当内部发生放电时，局部放电产生的超声波信号传递到开关柜表面缝隙处，由超声波传感器将其转换为电信号，经进一步放大处理后送到采集系统，达到检测局部放电的目的。

非接触式超声波检测最明显的优点是没有强烈的电磁干扰，但是开关柜内的游离颗粒对柜壁的碰撞可能对检测结果造成干扰。同时，由于开关柜内部绝缘结构复杂，超声波衰减严重，因此在绝缘内部发生的放电有可能无法被超声波探头检测到。

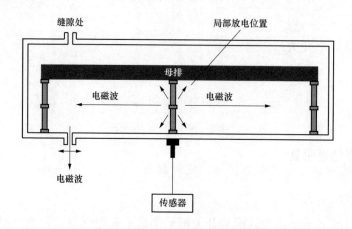

图 2-39 暂态对地电压产生原理

综上，将暂态对地电压与非接触式超声波检测方法结合应用，既可以排除现场电磁环境的干扰，也可以排除游离颗粒与柜壁碰撞等干扰，提高检测系统的抗扰性，同时可以实现对局部放电源的定位。

（2）检测结果判断。

暂态对地电压法和非接触式超声波法常用的检测结果判断方法有阈值分析法、横向分析法和纵向分析法。

1）阈值分析法。

阈值分析法是通过将暂态对地电压和非接触式超声波检测数据与判断值进行比较，从而判断电气设备（开关柜）目前的运行状态。

2）横向分析法。

横向分析法充分考虑一组检测设备的共同特征，并假定这些共同特征对状态数据检测具有同等的影响，从而根据实际检测结果判断单一设备状态异常程度。这些共同特征包括电力设备实际的空间安装位置、结构类型、制造商或制造水平、投运年限及分属不同相别的同类设备等。

实际检测过程中，考虑到应用的简便性，大多基于电力设备实际的空间安装位置应用横向分析法。开关室内开关柜一般呈"一"字形排列并按顺序依次编号。由于同一个开关室内开关柜多数来源于同一厂商，运行年限相差不大，运行环境和电磁环境也基本相同，因此可认为正常运行的开关设备，其绝缘水平理应不会存在明显的差异。因此，通过计算同次检测结果的总体平均水平，并衡量每个开关柜偏离总体平均水平的程度，可以判断设备是否存在绝缘缺陷。

由于正常情况下每面开关柜的测量结果差别都不大，因此横向分析曲线基本在总体平均水平上下波动，得到的曲线应是非常平缓的。但是，当某一开关柜的检测结果明显偏离总体平均水平时，可以认为此开关柜存在缺陷的概率较高。

3) 纵向分析法。

纵向分析法充分考虑电力设备绝缘裂化规律的特点，认为绝缘裂化属于一种缓慢累积的准稳态过程。因此，纵向分析法假定某一开关柜的绝缘水平不会发生突发性恶化，连续性的局部放电检测数据不会出现大的差异，即变化量保持稳定，且围绕平均水平波动，可以通过分析局部放电检测数据偏离总体平均水平的变化趋势程度来判断设备是否发生绝缘缺陷。纵向分析法需要基于一定的连续检测数据，数据量越大，时间间隔越短，分析结果参考性越强。

从目前国家电网公司、南方电网公司、各生产厂商提供的多种暂态对地电压和非接触式超声波检测结果判断方法来看，既有采用上述3种方法中的一种进行判断的，也有使用3种方法综合判断的。下面给出目前几种典型的判断方法，以供参考。

国家电网公司的暂态对地电压判断方法如下：①若开关柜检测结果与环境背景值的差值大于20dBmV，需查明原因；②若开关柜检测结果与历史数据的差值大于20dBmV，需查明原因；③若本开关柜检测结果与邻近开关柜检测结果的差值大于20dBmV，需查明原因；④必要时，进行局部放电定位、超声波检测等诊断性检测。

国家电网公司的非接触式超声波检测结果判断方法如表2-1所示。

表 2-1   国家电网公司的非接触式超声波检测结果判断方法

检测结果	判断	所需采取的措施
<0BmV，没有声音信号	未发现明显的放电现象	进行下一次检查
<8dBmV，有轻微声音信号检缩	检测到轻微的放电现象	缩短检测周期
>8dBmV，没有声音信号	检测到明显的放电现象	采取相应的措施

英国 EA Technology 公司的暂态对地电压判断方法如表 2-2 所示。

表 2-2   英国 EA Technology 公司的暂态对地电压判断方法

检测结果	结　　论
背景值大于 20dB	（1）较高的背景值可能会掩盖高压开关柜内部的局部放电。 （2）可能是由于外部干扰导致的。如有可能，可排除外部干扰后重新进行检测或使用定位设备进行定位
检测值和背景值均小于 20dB	没有明显的局部放电
检测值比背景值大 10dB 以上，且检测值大于 20dB	高压开关柜内极可能存在局部放电，建议使用定位设备对高压开关柜进行进一步检测
脉冲数（2s 内）大于 1000	（1）检测环境里可能存在电磁干扰信号。如果检测值大于 20dB，建议使用定位仪排除高压开关柜外部干扰。 （2）较高的脉冲数可能是由于表面放电造成的，此时应配合使用非接触式超声波检测手段进行检测

（3）典型干扰源及抑制措施。

暂态对地电压和非接触式超声波检测过程中常见的干扰源有：

①户外架空线的强电晕干扰会对开关室的进线柜及相邻柜的暂态对地电压和非接触式超声波测试值造成影响。

②主变压器冷却器等大电动机运转时，由于内部线圈的转动会在外壳产生较高的暂态对地电压测试值，因此会对开关室的进线柜及相邻柜的暂态对地电压和非接触式超声波测试值造成影响。

2.4.3　局部放电试验一般步骤

局部放电试验是非破坏性试验项目，从试验顺序而言，应放在所有绝缘试验之后。通常是以工频耐压作为预励磁电压持续数秒，然后降到局部放电试验电压（一般为 $U_m/\sqrt{3}$ 的倍数），持续几分钟，测量局部放电量。具体步骤如下：

1. 选择试验线路确定试验电源

高压试验的低压电源箱必须规范，应有符合要求的 220V 或 380V、50Hz 电源，严禁一火一地的方式，电源端应连有合适的触电保护器。电源控制箱应装设有明显断开点的双极刀闸和过流跳闸装置。连接电源时必须有人监护，并在移动电源盘或移动电源刀闸、电源线放至所需位置后再连接电源，为防止电源干扰存电源侧需通过隔离变压器接入。

试验引线应考虑电晕影响，有一定的直径且尽量短，连接必须牢固，必要时用绝缘物支撑，注意高压电场。正确选择试验回路，试验前进行视在放电量校准。

在所有高压绝缘试验之后进行局部放电试验，试品表面干净，试品试验前不应受机械热的作用。

2. 选择标准脉冲进行校准

依据 DL/T 596—2021《电力设备预防性试验规程》和有关反事故技术措施的规定，结合 1997 年以来新颁布的相关国家标准和行业标准，确定试品的局部放电允许水平（试验判据）。确定试验判据以后，可选择标准脉冲进行试验回路的校准。如局部放电允许水平为 100pC，也可选择 100pC 标准脉冲进行校准。

3. 加压测量

加压前，试验负责人必须认真检查试验设备和试品是否符合试验要求，检查试验接线、试验设备高压输出端接地线是否已拆除，以及试验人员的就位情况。

试验电压应在不大于 1/3 规定测量电压下接通电源，再开始缓慢均匀上升到预加电压保持 10s 后，降到规定测量电压，保持 1min 以上，再读取放电量；最后降至 1/3 测量电压以下，方能切除电源。

4. 局部放电观测

读取视在放电量值时应以重复出现的、稳定的最高脉冲信号为准，偶尔出现的较高脉冲可以忽略。测量回路的背景噪声水平应低于允许放电水平的 50%。当试品的允许放电水平为 10pC 或以下时，背景噪声水平可达到允许放电水平的 100%。测量中明显的干扰可不予考虑。

3 暂态地电压和超声波法局部放电检测技术

暂态地电压和超声波法局部放电检测是高压开关柜局部放电严重程度的常用检测方法。通过本章的学习，读者应清楚了解常见暂态地电压和超声波局部放电检测的基本原理和组成，熟悉和掌握检测设备的指标体系，理解高压开关柜带电检测的有效性和局限性；同时结合实训设备，熟练掌握操作方法和步骤。

3.1 基础知识

暂态地电压和超声波局部放电检测技术均属于间接法局部放电检测技术的范畴，其信号波动范围大，随机性强，而且检测结果与放电源的位置和传播途径存在复杂的关联关系，因此难以按照 IEC 60270 的要求进行标定。

为了实现对高压开关柜局部放电严重程度的带电检测，并考虑间接法检测的实际特点和检测设备设计的复杂性，其指标体系经常采用无线电电子学的测量单位，主要有 dBmV 、dBμV 和 dBm。因为超声波检测和暂态地电压检测信号的数量级不同，所以超声波法默认为 dBμV，暂态地电压默认为 dBmV。为了书写或者口头交流方便，在实践过程中使用这两个单位时可以省略 dB 后面的单位，而不至于产生理解上的混淆。

（一）dBmV

对于高压开关柜来说，其局部放电产生的暂态地电压信号的幅值一般在 1mV～1V。暂态地电压测量系统一般以电压为基准，以 dBmV 为单位进行测量。

按照标准定义，dBmV 是以 1mV 为基准，测量电压 U_m（有效值或者峰-峰值）以 mV 为单位测量得到的，即有

$$U = 20 \lg U_m \tag{3-1}$$

式中：U_m 的单位为 mV；U 的单位为 dBmV。

根据定义，对于 1mV 的暂态低电压信号，其对应的 dBmV 值为 0；而对于 1V 的暂态低电压信号，其对应的 dBmV 值则为 60。显然，幅值变化范围为 1000 倍的暂态低电压信号被压缩到 100 以内。

（二）dBμV

对于高压开关柜来说，其局部放电产生的超声波信号幅值变化比暂态地电压还要大，范围为 0.5μV～100mV。超声波测量系统一般以电压为基准，以 dBμV 为单位进行测量。

按照标准定义，dBμV 是以 1μV 为基准，测量电压 U_m（有效值或峰-峰值）以 μV 为单位测量得到的，即有

$$U = 20\lg U_m \tag{3-2}$$

式中：U_m 单位为 μV；U 单位为 dBμV。

根据定义，对于 0.5μV 的超声波信号，其对应的 dBμV 值为 −6.0；而对于 100mV 的超声波信号，其对应的 dBμV 值则为 100。这样，超声波信号的幅值变化范围从 20000 倍压缩到 100 以内。

（三）dBm

dBm 是 dBmW 的缩写。无论是 dBmV 还是 dBμV，其都是一种电压测量体系，与负载阻抗开关，而 dBm 则是一种功率测量体系。

根据标准定义，dBm 是以 1mW 为基准，信号功率 P_m 以 mW 为单位测量得到的，即有

$$P = 10\lg P_m \tag{3-3}$$

式中：P_m 单位为 mW；P 单位为 dBm。

对于大多数射频测量设备，输入阻抗和负载阻抗一般为 50Ω。

根据定义，将式（3-1）代入式（3-3），则有

$$
\begin{aligned}
P_{50} &= 10\lg \frac{U_m^2}{R \times 1000} \\
&= 20\lg U_m - 10\lg(50 \times 1000) \\
&= U - 46.99
\end{aligned}
\tag{3-4}
$$

式中：U_m 单位为 mV；P_{50} 单位为 dBm$_{50}$；U 单位为 dBmV。

对于 75Ω 测量系统，则有

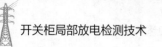

$$P_{75} = 10\lg \frac{U_\mathrm{m}^2}{R \times 1000}$$

$$= 20\lg U_\mathrm{m} - 10\lg(75 \times 1000) \qquad (3\text{-}5)$$

$$= U - 48.75$$

式中：U_m 单位为 mV；P_{75} 单位为 dBm_{75}；U 单位为 dBmV。

（四）dBmV、dBμV 及 dBm 之间的相互转换

根据前面的定义，可知

$$1\mathrm{dBmV} = 1\mathrm{dB\mu V} - 60 \Leftrightarrow 1\mathrm{dB\mu V} = 1\mathrm{dBmV} + 60 \qquad (3\text{-}6)$$

$$1\mathrm{dBmV} = 1\mathrm{dBm}_{50} + 46.99 \Leftrightarrow 1\mathrm{dBm}_{75} + 48.75 \qquad (3\text{-}7)$$

3.2　暂态地电压检测设备的基本组成

目前常见的高压开关柜暂态地电压和超声波局部放电检测设备可分为 3 种：暂态地电压、超声波及二者的集成。总结这些设备的特点，可以得到图 3-1 所示的设备组成框图。

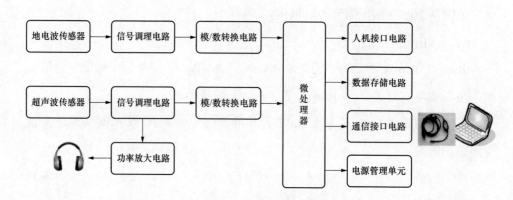

图 3-1　暂态地电压检测设备组成框图

如图 3-1 所示，暂态地电压检测设备主要包括传感器及其信号调理电路、模/数转换电路、微处理器、人机接口电路、数据存储电路、通信接口电路和电源管理单元。信号调理电路负责将微弱的暂态地电压和超声波信号转换为合适的信号电平、波形和频率；模/数转换电路负责将信号调理电路输出的模拟信号转换为数字信号，并提供给微处理器，实现信号的处理、分析和存储；人机接口电路实现操作者与检测设备的信息交互；数据存储电路实现检测数据和设备

信息的就地存储；通信接口电路用于实现检测设备终端与数据管理系统的信息交换；电源管理单元负责电源的电压变换和储能部件的充电管理及监测。

3.3 暂态地电压局部放电带电检测技术

（一）暂态地电压传感器的基本原理

暂态地电压法本质上属于外部电容法局部放电检测技术的范畴。暂态地电压传感器的原理如图 3-2 所示。

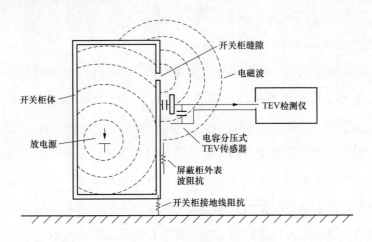

图 3-2 暂态地电压传感器的原理

暂态地电压（Transient Earth Voltage，TEV）传感器本质上是一个金属盘，前面覆盖有 PVC 塑料，并用同轴屏蔽电缆引出到检测仪。PVC 塑料的作用一是充当绝缘材料，二是对传感器起到保护和支撑作用。测量时，暂态地电压传感器接触在开关柜金属柜体上面，裸露的金属柜体可看作平板电容器的一个极板，而暂态地电压传感器可看作平板电容器的另一个极板，中间的填充物则为 PVC 塑料。

对于由金属柜体、PVC 材料和暂态地电压传感器构成的平板电容器来说，金属柜体表面出现的任何电荷变化均会在暂态地电压传感器的金属盘上感应出同样数量的电荷变化，并形成一定的高频感应电流。该高频感应电流经引出线输入检测设备内部并经检测阻抗转换为与放电强度成正比的高频电压信号。经检测设备处理后，则可得到开关柜局部放电的放电强度、重复率等特征参数。

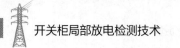

耦合电容器的电压-电流关系为

$$i_{PD} = C\frac{du_{tev}}{dt} \tag{3-8}$$

式中：i_{PD} 为暂态地电压传感器输出的电流信号；u_{tev} 为测量点处的暂态地电压信号；C 为用电容量表征的暂态地电压传感器设计参数。

式（3-8）表示的高频电流信号在检测设备内部被检测阻抗变换为电压信号，即

$$u_m = RC\frac{du_{tev}}{dt} \tag{3-9}$$

根据式（3-9），可以得出如下推论：

（1）暂态地电压检测设备的测量结果与暂态地电压传感器的设计参数密切相关。如果不采取补偿措施，不同的传感器设计参数可能会得到不同的检测结果。

（2）暂态地电压检测设备的测量结果与暂态地电压信号的频谱特性密切相关，即暂态地电压检测设备的测量结果与具体的放电类型有关。即便对于同种强度的放电，暂态地电压检测设备也可能会给出不同的检测结果。对于严重偏离检测设备设计频带范围的放电类型，暂态地电压法存在失效的可能性。

（3）暂态地电压法的测量结果还与检测设备内部的检测阻抗参数有关。

注意：暂态地电压传感器不属于严格意义上的耦合电容器，其暂态特性更接近近场天线，会不可避免地受到边沿效应、涡流效应和邻近效应的影响。因此，按照稳态特性得出的理论计算结果往往与检测设备的实际输出存在一定程度的误差。

（二）暂态地电压信号调理技术

暂态地电压信号调理电路的原理框图如图 3-3 所示。其中，模拟滤波电路用于对暂态地电压传感器馈入的模拟进行处理，限制其带宽，以最大限度地降低外部环境的电磁干扰，提高局部放电检测的灵敏度；对数放大电路用于对暂态地电压信号进行非线性放大；峰值检波电路用于对持续时间短至皮秒级的局部放电信号进行处理，提取对局部放电检测最为重要的幅值信号，而将其持续时间展宽至微秒级，以降低后续采样与转换电路的设计指标要求。

图 3-3 暂态地电压信号调理电路的原理框图

暂态地电压信号调理电路具有下列基本特征：

（1）模拟滤波电路的频谱特性需要兼顾灵敏度和抗干扰特性的要求。对于主导频率处于设计频带范围之外的局部放电现象，检测设备存在失效的可能。对于开关柜来说，局部放电产生的电磁波信号的最高频率一般不超过 100MHz。

（2）对数放大电路对于弱信号具有很高的放大增益，因此对于轻微的局部放电现象具有较高的灵敏度。同时，对数放大电路对于大信号又具有很小的增益，因此对于剧烈的放电现象能够自动限制信号幅值，保证检测设备的电气安全。

（3）峰值检波电路能够保留对局部放电检测最为重要的峰值信息，而忽略局部放电原始信号的频率信息。一般来说，检波时间常数可达到 100μs，因此即便采用 1MHz 的采样率也能正确测量局部放电。

（4）重复率过高的局部放电信号会导致峰值检波电路的输出存在很大的直流分量，不同的信号提取算法可能会导致不同的测量结果。

（三）暂态地电压检测的技术指标

（1）频带范围：设备能够正确检测的射频信号频带范围，一般为 3～100MHz。注意，由于局部放电信号属于非稳态高频信号，因此频带范围的标定标准与常见标准存在差异，一般很难沿用−3dB 标准。同时，对于开关柜的局部放电现象，射频信号主导频率低于 3MHz 的概率很高。因此对于特定类型的局部放电，不同的暂态地电压法检测设备给出的检测结果可能存在较大差异。但是，大幅度降低下限频率也会导致检测设备抗干扰能力降低，或导致电子设备损坏。

（2）标称电容：暂态地电压传感器电容参数的计算值或稳态测量值，单位为 pF。不同的检测设备生产厂商根据设计要求可能会选择不同标称值的传感器，但一般不会超过 100pF。根据前面的介绍，传感器参数会影响设备的检测结果，这需要设计者和使用者谨慎评估设备的灵敏度需求和抗干扰性能。

（3）测量范围：检测设备能够测量的射频信号的最大值或有效值，单位一般为 dBmV。如果采用 dBm 标定，则使用者可根据前面的介绍自行变换。由于对数放大电路对大信号的增益非常小，且目前尚无可靠的测量误差标定办法，因此测量范围能够满足要求即可，不必提出苛刻的要求。

（4）重复率：检测设备单位时间内或每工频周期能够正确分辨的放电活动次数。一般情况下，检测设备采用 2s 作为基准计数单位。考虑工频周期为 50Hz，则前述指标除以 100 即可得到每周期的放电次数。

注意：重复率仅统计放电强度超过设定水平的放电脉冲。由于每个设备厂商设定的判定标准存在差异，因此重复率的测量结果可能会存在差异。

局部放电活动的根本特征是放电强度和重复性。实践过程中，对于放电强度过大而重复率过小，或者放电强度过小而重复率很大的局部放电现象，可能都属于干扰的范畴。

3.4　超声波局部放电带电检测技术

对于采用空气绝缘的局部放电现象，其频谱特性很低，往往仅有几十至几百千赫兹，此时敞开式超声波传感器无疑是检测局部放电活动最灵敏的方式。为了使敞开式超声波能正常工作，要求放电源与传感器之间必须存在清晰的空气路径。这意味着对于封闭良好、无排气孔及空间间隙的开关柜，敞开式超声波传感器此时对局部放电活动将无法检测。

对于固体绝缘内部的局部放电活动，由于绝缘介质对放电信号的衰减，使得绝缘内部局部放电活动激发的超声波信号很难被传播到开关柜外部，敞开式传感器很难捕捉到绝缘介质内部的放电活动，如电缆头、绝缘子和套管。但是，对于因外绝缘而发生的爬电和表面放电，敞开式传感器的灵敏度相当高。

（一）超声波传感器简介

声波是一种能够在固体、液体和气体中传播的机械振动波。按照频率范围划分，声波可分为次声波（小于 16Hz）、声波（16～20kHz）和超声波（大于 20kHz）3 种。顾名思义，超声波传感器就是能够检测频率大于 20kHz 机械波的传感器。按照工作原理分类，超声波传感器可分为压电式、磁致伸缩式、电磁式等，但最常用的传感器是压电式。压电式超声波传感器是利用压电材料的压电效应原理来工作的，如压电陶瓷和压电晶体。压电材料具有双压电效应，一方面，当外施电压作用于压电材料时，就会导致压电材料发生随电压和频率变化的机械变形；另一方面，当外部振动引起压电材料机械变形时，也会在其两端产生电荷。利用这一原理，当给两片压电陶瓷或一片压电陶瓷和一个金属片构成的振动器（双压电晶片元件）施加电信号时，就会因弯曲振动发射出超声波；相反，向双压电晶片元件施加超声波振动时，就会产生电信号。因此，从理论上来说，超声波传感器既可以用于接收超声波信号，也可以用于产生超声波信号。

敞开式超声波传感器的结构如图 3-4 所示。其中，盒体对传感器起保护作用，其前段镂空，可高效耦合在空气中传播的超声波信号。喇叭形谐振器的作用是与特定频率的超声波信号产生谐振，从而有效耦合特定成分的超声波信号并抑制背景干扰。因此，从传感器原理来说，敞开式超声波传感器属于一种窄带的超声波滤波器。

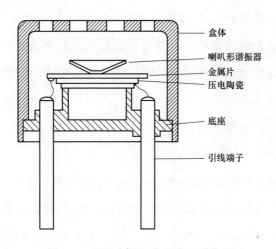

图 3-4　敞开式超声波传感器的结构

（二）超声波检测的信号调理技术

与接触式压电陶瓷传感器不同，敞开式超声波传感器的信号水平普遍很低，最小可测信号甚至低于 $1\mu V$（接触式可达到毫伏级），给开关柜超声波局部放电检测设备的模拟信号处理及检测结果的判断都带来了诸多困难。

常见的开关柜超声波局部放电检测的信号调理电路原理框图如图 3-5 所示。

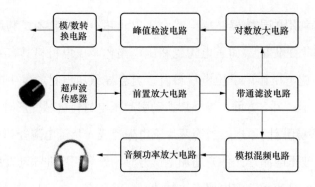

图 3-5　超声波局部放电检测的信号调理电路原理框图

图 3-5 中，前置放大电路负责将传感器输出的微弱信号进行放大，以提高信号的抗干扰能力。带通滤波电路负责对输入的超声波信号进行进一步选频，以抑制杂散的背景音频信号干扰。模拟混频电路负责将 40kHz 的超声波信号转换为频率约为 1kHz 的人耳可听的声音信号，经功率放大后驱动外置耳机，供检测人员通过音频判断局部放电活动的有无。带通滤波电路选频后的另一路输出用于对数放大、检波和模/数转换、超声波信号电平的指示或者存储。

为了降低设备制造成本和提高带电检测效率，便携式超声波局部放电检测设备一般不会集成复杂的分析功能，输出信号仅为超声波强度，因此对于信号性质的判断能力较弱。此时，音频信号可作为局部放电信号判断的主要依据，检测数据一般仅作为辅助判据。

（三）超声波检测的指标体系

检测设备能够正确测量的超声波信号最大值或有效值的变化范围，单位一般为 dBμV。与暂态地电压检测相比，对于超声波检测技术来说，检测值过小和过大都较易确定电气设备的绝缘状态：过小的检测值意味着绝缘肯定没有问题，过大的检测值则需要尽快安排检修。

3.5　暂态地电压现场检测工作规范

（一）检测仪器要求

1. 基本功能

（1）能显示暂态地电压信号强度。

（2）具备单次测试和连续测试两种测试模式。

（3）具备报警设置功能及告警功能。

（4）具备数据管理和数据导入、导出功能。

2．高级功能

（1）具备脉冲计数功能，可以显示 2s 脉冲数。

（2）可通过不同测量模式的综合分析进行局部放电定位和种类识别。

（3）通过数据管理软件对开关柜进行绝缘状态分析、数据统计分析等。

（4）可通过超声波检测法进行局部放电辅助判断。

3．使用条件要求

（1）环境温度为–10～55℃。

（2）环境相对湿度为 0～85%。

（3）大气压力为 80～110kPa。

4．性能指标要求

（1）测量量程为 0～60dBmV。

（2）分辨率为 1dBmV。

（3）误差不超过为±2dBmV。

（4）传感器频率范围为 3～100MHz。

（二）检测人员要求

（1）熟悉暂态地电压局部放电检测的基本原理、诊断程序和缺陷定性方法。

（2）了解暂态地电压局部放电检测仪的技术参数和性能，掌握暂态地电压局部放电检测仪的使用方法。

（3）了解开关柜设备的结构特点和运行状况。

（4）熟悉相关导则，接受过暂态地电压局部放电检测技术的培训，具备现场测试能力。

（5）具有一定的现场工作经验，熟悉并严格遵守电力生产和工作现场的相关安全管理规定。

（三）工作安全要求

（1）应严格执行 Q/GDW 1799.1—2013《国家电网公司电力安全工作规程

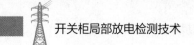

变电部分》（安监〔2009〕664号）的相关要求。

（2）应严格执行相关变（配）电站巡视的要求。

（3）检测至少由两人进行，并严格执行保证安全的组织措施和技术措施。

（4）应有专人监护，监护人在检测期间应始终行使监护职责，不得擅离岗位或兼职其他工作。

（5）应确保操作人员及测试仪器与电力设备的高压部分保持足够的安全距离。

（6）不得操作开关柜设备，开关柜金属外壳应接地良好。

（7）设备投入运行30min后方可进行带电测试。

（8）测试现场出现明显异常情况时（如异音、电压波动、系统接地等），应立即停止测试工作并撤离现场。

（四）工作条件要求

（1）开关柜设备上无其他作业。

（2）开关柜金属外壳应清洁并可靠接地。

（3）应尽量避免干扰源（如气体放电灯、排风系统电动机）等带来的影响。

（4）进行室外检测应避免天气条件对检测的影响。

（5）雷电时禁止进行检测。

（五）检测周期要求

（1）新投运和解体检修后的设备应在投运后1个月内进行一次运行电压下的检测，记录开关柜每一面的测试数据作为初始数据，在以后测试中作为参考。

（2）暂态地电压检测至少一年一次。

（3）对存在异常的开关柜设备，在该异常不能完全判定时，可根据开关柜设备的运行工况缩短检测周期。

（六）检测工作准备

（1）检查仪器完整性，确认仪器能正常工作，保证仪器电量充足或者现场交流电源满足仪器使用要求。

（2）对于高压开关柜设备，在每面开关柜的前面、后面均应设置测试点，具备条件时，在侧面设置测试点，检测位置可参考图3-6。

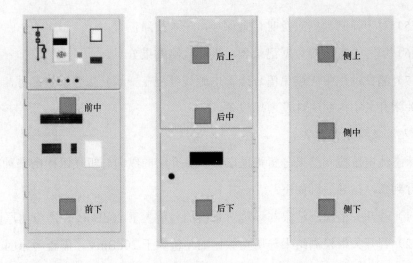

图 3-6　暂态低电压参考检测位置

（七）检测部位

（1）一般在前面、后面、侧面进行选择布点，前面选 2 点，后面和侧面选 3 点，后面和侧面的选点应根据设备安装布置的情况确定。

（2）如存在异常信号，则应在该开关柜进行多次、多点检测，查找信号最大点的位置。

（3）应尽可能保持每次测试点的位置一致，以便于进行比较分析。

（4）根据现场需要设置相应的检测位置。

（八）检测步骤

（1）按本节（六）进行检测准备工作。

（2）检测环境（空气和金属）中的背景值，并在表格中记录。一般情况下，测试金属背景值时可选择开关室内远离开关柜的金属门窗；测试空气背景时，可在开关室内远离开关柜的位置放置一块 20cm×20cm 的金属板，将传感器贴紧金属板进行测试。

（3）对开关柜进行检测，检测时传感器应与高压开关柜柜面紧贴并保持相对静止，待读数稳定后记录结果，如有异常再进行多次测量。

（4）一般可先采用常规检测，若常规检测发现异常，再采用定位检测进一步排查。

（5）对于异常数据应及时记录保存，记录故障位置。

（6）填写设备检测数据记录表，进行检测结果分析。

（7）测试过程中应避免信号线、电源线缠绕在一起。排除干扰信号，必要时可关闭开关室内照明灯及通风设备。

（九）数据分析方法

暂态地电压检测结果分析可采取第二章介绍的纵向分析技术中的一种或几种进行判断，指导原则如下：

（1）若开关柜检测结果与环境背景值的差值大于 20dBmV，需查明原因。

（2）若开关柜检测结果与历史数据的差值大于 20dBmV，需查明原因。

（3）若本开关柜检测结果与邻近开关柜检测结果的差值大于 20dBmV，需查明原因。

（4）必要时，进行局部放电定位、超声波检测等诊断性检测。

4 开关柜局部放电带电检测培训系统硬件

开关柜局部放电带电检测培训系统包括实验变压器、调压控制一体柜、电源滤波器、隔离变压器、限流电阻、耦合与高压分压器、智能型控制柜、四通道高精度数字式局部放电仪、局部放电输入单元、开关柜本体、开关柜7种放电模型、HCPD-9209B TEV局部放电巡检仪等。掌握设备的参数及操作是正确检测的首要条件，通过检测设备的学习，读者能够准确无误地使用并进行测量操作，对提高测量的准确性打下良好的基础。

4.1 无局部放电试验变压器

试验变压器通过与特殊功能柜高压输入套管相连，将高压输出到主测试回路。变压器技术参数如下：

（1）额定容量：30kVA。

（2）额定输入：0～400V，0～75A，50Hz。

（3）额定输出：0～150kV，0～200mA。

（4）绝缘水平：低压输入端子对地工频耐压水平5kV/1min。

（5）介质损耗：＜0.5%。

（6）变压器本体局部放电水平：≤2.0pC，80%电压≤1.0pC。

（7）噪声：≤40dB。

（8）波形畸变率：≤3%。

（9）短路阻抗：≤8%。

（10）运行时间：额定负载下连续运行60min。

（11）结构形式：绝缘圆桶固定式。

（12）冷却方式：油浸自冷。

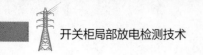

4.2　调压控制一体柜

调压控制一体柜主要包括硬件控制部分和调压器，也包括主回路断路器及接触器。

（一）硬件控制部分

（1）电源 AC 220V，由 5kVA 380V/220V 隔离变压器提供。

（2）采集所有高压信号传送给控制台。

（3）将控制台指令转换成模拟信号控制设备运行。

（4）所有电气产品在施耐德电气产品中选型。

（5）电气柜及电气柜附属的格栅和冷却风扇使用非施耐德产品。

（二）调压器

电控干式自冷接触式调压器简称电控调压器，是电压比连续可调并可带负载调压的自耦调压器。它具有效率高、波形畸变小、调压特性好、使用方便、可靠、能长期运行等特点，可广泛用于工业科学试验、公用设施等，以实现调压、控温、调速、调光、功率控制等目的，是一种理想的交流调压电源。

电控调压器的技术参数如下：

（1）额定容量：30kVA。

（2）输入电压：AC 380（1±10%）V。

（3）输入电流：78.9A。

（4）输出电压：0～420V。

（5）调压器输出端安装低压滤波器 LVF-400V 80A。

（6）零位电压：≤2V。

（7）在 30min 内能超载 30%。

（8）传动机构采用 DC 24V 步进电动机。

（9）运行时间：额定负载下连续运行 60min。

4.3　电源滤波器 LVF-30

电源滤波器装在调压器内，主要用于滤除来自电源带宽内的杂波干扰，提高局部放电系统测试的灵敏度，降低背景噪声。技术参数如下：

（1）输入电压：380V。

（2）输出电压：380V。

（3）额定容量：30kVA。

（4）衰减指标：

1）10～30kHz：20dB。

2）30～70kHz：60dB。

3）70kHz～1MHz：＞100dB。

4.4　隔离变压器

隔离变压器为本系统提供主回路电源，主要是隔离电网干扰及变换电压，以提高局部放电测试灵敏度，可供用户室内连续使用。技术参数如下：

（1）额定容量：5kVA。

（2）输入电压：AC 220V（1±10%）。

（3）输入电流：22.72A。

（4）输出电压：220V。

（5）输出电流：22.72A。

（6）衰减效果：10～60dB　（10kHz～1MHz 电磁波频带内）。

4.5　限流电阻

技术参数如下：

（1）额定电压：150kV。

（2）额定电阻：10kΩ。

（3）额定电流：0.2A。

4.6　耦合电容与分压器

技术参数如下：

（1）额定电压：150kV。

（2）高电压电容：1000pF/150kV。

（3）电感量：400mH。

（4）衰减效果：15kHz～1MHz 频带内≥60dB。

（5）变比：1000:1。

4.7　智能型控制柜

1.　控制柜配置

（1）工业数字通信卡：PCI-6221。

（2）数字式局部放电仪：Omicron+MPD+600 或 JFD2010（5）。

（3）上位机采用西门子工业控制计算机 IPC-e547，下位机采用 RT 光纤隔离系统。

（4）工控机配置 CPU：P4　2.8，内存 2GB，硬盘 320GB。

2.　操作系统功能

（1）可预设试验电压、电流和耐压时间，并可选定手动或自动操作模式。

（2）可通过条形码扫描器读取参数。

（3）输出电压无级可调，也可阶梯升压，波形无失真和畸变。

（4）预先设定升降压速度。

（5）具有零位功能，电压上限、下限、过流、击穿及门联锁保护。

（6）报警有声响及灯光提示。

（7）试验结束有自动回零功能。

（8）具备气动自动接地装置，做完高压试验时，可快速放电。

（9）具有远程控制协助功能。

（10）可以生成耐压试验报告并打印。

4.8　局部放电检测分析仪

（一）工作原理

局部放电检测分析仪采用的检测方法是目前世界上采用最广泛的脉冲电流法。参考图 4-1～图 4-3 所示的三种回路，当被试品产生一次局部放电时，试

品 C_a 两端就会产生一个瞬时变化电压 ΔU，经耦合电容 C_k 耦合到检测阻抗 Z_m，回路中会产生脉冲电流 I。将此脉冲电流 I 流经检测阻抗产生的脉冲电压进行采集、放大和显示处理，就可测定局部放电的视在放电量等参数。

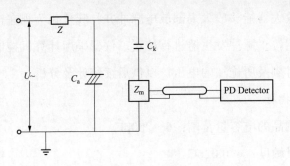

图 4-1　检测阻抗与耦合电容串联

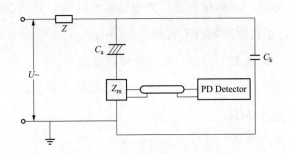

图 4-2　检测阻抗与试品串联

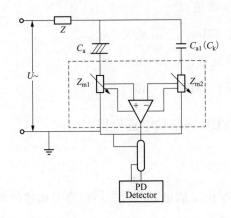

图 4-3　平衡回路

局部放电信号是以纳秒计量的极短的脉冲，同时所能检测到的电压幅度在微伏范围内。例如，假设 50ns 的 0.1pC 的局部放电信号通过一个等效 50Ω 的阻抗单元耦合，则对应的幅度大概在 100μV。考虑到环境噪声可能超过该幅度，故局部放电测试往往在屏蔽室内进行。

仪器内的放大器能够放大局部放电脉冲并将其量化为视在电荷。为了量化电荷，就必须用校正脉冲发生器进行校正。仪器采用计算机控制，能够记录局部放电发生的时刻及所施加的电压，以供后续统计及分析。

（二）技术指标

（1）可测试品的电容量范围：6～250pF。

（2）检测灵敏度：<0.02pC。

（3）放大器：3dB 低端频率 10、20、30、50、80kHz 任选，3dB 高端频率 100、200、300、400、500kHz 任选。其增益调节范围大于 120dB，档间增益差为（20±1）dB，正负脉冲响应不对称性小于 1dB。

（4）时间窗：窗宽 1°～360°，窗位置可任意旋转。

（5）试验电压表：0～150kV，数字表显示误差小于 3%。

（6）输入阻抗：1MΩ。

（7）触发方式：手动、外触发、内触发。

（8）采样卡最高采样率：20MHz。

（9）采样通道：4 通道/卡。

（10）A/D 分辨率 12bit，直流精度 0.2%。

（11）每通道采样速率：8Mbit/S。

（12）采样卡带宽：3MHz（−3dB）。

4.9　HCPD–9209B TEV 局部放电巡检仪

（一）产品介绍

HCPD-9209B TEV 局部放电巡检仪采用暂态对地电压测量和超声波测量两种方法对开关柜进行故障检测。该产品可以对被测设备进行暂态地电压或超声波检测，并对检测信号进行频率识别；通过多种模式进行分析，能够清楚地判断出开关柜是否出现故障，其测量技术在国内外已达领先水平。

（二）功能特点

（1）体积小，质量小，携带方便，便于现场使用。

（2）采用自动增益控制调节，抗干扰能力强。

（3）TEV 测量采用波形模式、统计模式（峰值图、PRPD 谱图、PRPS 谱图）、脉冲模式等多种测量方式。

（4）超声波测量采用波形模式、连续模式、相位模式等测量方式。

（5）以多周波模式进行显示，精准判断干扰与放电。

（6）软件提供放电谱图专家库及智能诊断系统，可精确判断故障放电类型。

（7）具备数据保存功能，可以实现数据回放功能。

（8）巡检数据可通过 SD 卡或者 U 盘等导出到计算机中，从而完成用户报告的创建。

（9）可以进行 TEV 检测和超声（非接触式）检测。

（三）技术参数

HCPD-9209B TEV 局部放电巡检仪的技术参数如表 4-1 所示。

表 4-1　　　　　HCPD-9209B TEV 局部放电巡检仪的技术参数

主机参数	可检测通道数	1 个暂态对地电压通道，1 个超声波通道			
	采样精度	12bit			
	同步方式	内同步、外同步、光同步			
暂态对地电压	检测带宽	3～100MHz	超声波	中心频率	40kHz
	测量范围	0～60dB		分辨率	0.1μV
	测量误差	±1dB		精度	±0.1μV
	分辨率	1dB		测量范围	0.5μV～1mV
	最小脉冲频率	10Hz			
硬件	显示屏	4.3"TFT 真彩色液晶显示屏，分辨率 480×272			
	存　储	SD 卡标配 16GB 卡，最大支持 32GB			
	接　口	耳机插孔，DC 充电器输入口，LED 指示灯，RS-232 调试口，USBD 同步口，USB 2.0，RJ45 网口，SD 卡插槽			
电源		电池供电（16.8V 锂电池），正常工作时间约 7h，充满时间约 5h			
尺寸（mm×mm×mm，长×宽×高）		235×133×48mm	质量（kg）		0.85

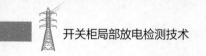

4.10 HCPD9108 数字式局部放电检测仪

HCPD9108 数字式局部放电检测仪（以下简称局放仪）是采用全新技术实现的新一代高性能数字化局部放电测量分析仪器，是传统模拟局放仪的替代产品。其各种独创的抗干扰技术使用户可以在强干扰环境下进行准确测量；用户界面友好，采样刷新速率高，具有模拟式局放仪的视觉效果；提供多种波形分析、记录手段，用户可以很容易判断放电的性质；自动记录和处理各种试验数据，能够很快生成图文并茂的测试报告；采用双通道嵌入式系统，TFT 触摸屏，系统稳定可靠，故障率低。系统综合运用了计算机技术、模拟电子技术、高速信号采集技术和先进的数字信号处理及图形显示技术，可以完成局部放电的自动测量和分析。

局放仪采用 Windows 系列操作平台，可以自由选择椭圆、直线、正弦波显示，二维、三维图形分析方式及频率视窗、Q-V-F 三维特性窗同窗显示，可静态对一周波试验电压的局放脉冲进行详细测量、观察、分析。可以进行数字开窗操作，在任意相位开窗，单窗、双窗任选，椭圆 360°旋转，以避免干扰对测量的影响。采用多通道测量及数字差分技术，灵活组成脉冲极性鉴别或平衡测量回路，有效抑制干扰脉冲信号。采用先进的频谱分析处理，有效降低背景干扰。多路输入通道，可一次升压测量试品的 6 个局放信号（可扩充），可方便地分析局放信号的来源。在全汉字操作平台下，能方便的进行频带选择、增益变换，频谱分析以及二维、三维图形显示。另外，系统还可以打印或保存单幅图形，保存连续时间的图形数据，以供分析。

5 开关柜局部放电案例分析

本章通过对开关柜局部放电案例进行分析,介绍开关柜的故障特点及故障检测方法,使读者掌握开关柜的运行状况。

5.1 10kV 开关柜悬浮放电

[案例一]

一、异常概况

2018 年 8 月 11 日,某供电公司带电检测小组对某 220kV 变电站 10kV 开关柜设备进行带电检测,进行至#1 主变压器 10kV 侧 901 开关柜时,在其开关柜后柜上部,PDS-T90 超声波局部放电巡检仪耳机听见明显放电声音,检测信号峰值达 21dB,暂态地电压检测信号无异常。通过对相邻间隔开关柜超声波、暂态地电压的横向分析,判断放电部位为#1 主变压器 10kV 侧 901 开关柜后柜门上部母排室。

二、检测对象及项目

检测对象:某 220kV 变电站 #1 主变压器 10kV 侧 901 开关柜,设备型号为 XGN2-12（Z）/67G,生产厂家为宁波天安（集团）股份有限公司,出厂时间为 2005 年 10 月。#1 主变压器 10kV 侧 901 开关柜正、背面布置如图 5-1 和图 5-2 所示。

检测项目:超声波局部放电检测、暂态地电压检测。

三、检测仪器及装置

局部放电检测仪:型号为 PDS-T90,生产厂家为上海华乘电气科技有限公司。

四、检测数据

1. 超声波数据

在 10kV 高压室较安静角落测得超声波背景幅值为−7dB,表 5-1 为#1 主变压器 10kV 侧 901 开关柜超声波横向测点数据比较。

图 5-1　#1 主变压器 10kV 侧 901 开关前柜　　图 5-2　#1 主变压器 10kV 侧 901 开关后柜

表 5-1　　　#1 主变压器 10kV 侧 901 开关柜超声波横向测点数据比较（单位：dB）

开关柜名称	前上	前下	后上	后中	后下	后下（左侧缝）	后下（右侧缝）
10kV 9511 开关柜	−6	−8	−7	−1	−3	−8	1
#1 主变压器 901 开关柜	−8	−7	21	10	0	1	2
10kV 915 开关柜	−7	−6	−5	−5	−4	−6	−9

2. 暂态地电压数据

选择开关室内远离开关柜的金属门窗作为金属背景值，测得幅值为 13dB；用 PDS-T90 局部放电检测仪对#1 主变压器 10kV 侧 901 开关柜及相邻柜进行暂态地电压测试，对测试结果进行横向比较，显示无异常，数据如表 5-2 所示。

表 5-2　#1 主变压器 10kV 侧 901 开关柜暂态地电压横向测点数据比较（单位：dB）

开关柜名称	前上	前下	后上	后中	后下	后下（左侧缝）	后下（右侧缝）
10kV 9511 开关柜	11	16	13	13	16	14	18
#1 主变压器 901 开关柜	13	18	13	16	20	19	17
10kV 915 开关柜	12	16	15	13	16	17	14

3. 测量图谱

通过对比上述各测点的局部放电信号幅值，#1 主变压器 10kV 侧 901 开关柜后上部位幅值最大，测试当时#1 主变压器 10kV 侧 901 开关柜超声波信号，如图 5-3～图 5-6 所示。

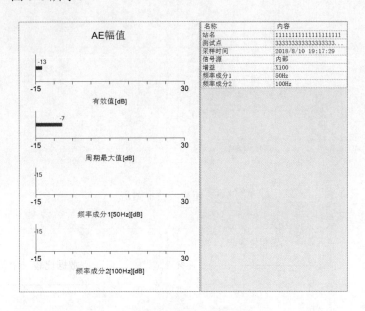

图 5-3 超声波背景图谱

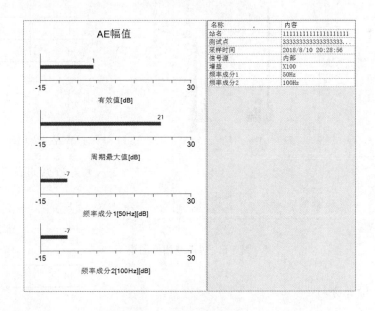

图 5-4 超声波峰值图谱

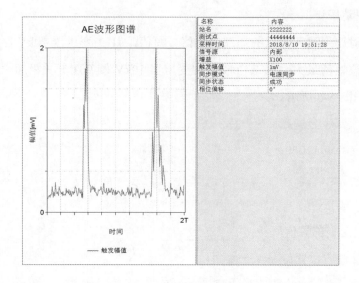

图 5-5　超声波波形图谱

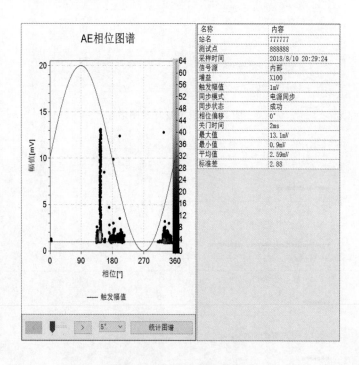

图 5-6　超声波相位图谱

五、综合分析

根据《交流金属封闭开关设备暂态地电压局部放电带电测试技术现场应用

导则》（Q/GDW 11060—2013）中的超声波局部放电检测指导判据可知，#1 主变压器 10kV 侧 901 开关柜后上部测点检测到有明显放电声音信号，超声波幅值为 21dB，100Hz 频率相关性不明显，波形图谱显示在一个工频周期内表现为 2 簇，可判断该处附近存在疑似悬浮放电现象。

根据《交流金属封闭开关设备暂态地电压局部放电带电测试技术现场应用导则》（Q/GDW 11060—2013），#1 主变压器 10kV 侧 901 开关柜暂态地电压测试数据与背景对比差值小于 20dBmV，未检测到放电信号，无异常。

根据判断依据并对比上述各测点的局部放电信号幅值，#1 主变压器 10kV 侧 901 开关柜后上部幅值最大，存在悬浮放电现象，由信号幅值判断为紧急缺陷，并可知该放电点位置位于#1 主变压器 10kV 侧 901 开关柜后上部母排隔离室内。

六、验证情况

2018 年 8 月 12 日上午，对该 220kV 变电站#1 主变压器 10kV 侧 901 开关柜进行复测，通过横向验证，在其开关柜后上部母排隔离室，PDS-T90 超声波局部放电巡检仪耳机听见明显放电声音，检测信号峰值达 20dB。结合两次测试数据分析，判断#1 主变压器 10kV 侧 901 开关柜后上部母排隔离室存在悬浮放电现象。

七、结论和建议

结论：#1 主变压器 10kV 侧 901 开关柜后上部母排隔离室有悬浮放电声音，定性为紧急缺陷。

建议：应立即安排停电检修，若不能及时停电，则应时刻安排带电检测跟踪，并控制负荷，防止缺陷进一步恶化。

[案例二]

一、异常概况

2018 年 8 月 11 日，某供电公司带电检测小组对某 220kV 变电站 10kV 开关柜设备进行带电检测，进行至 10kV 李团线 913 开关柜时，在其开关柜后柜上部，PDS-T90 超声波局部放电巡检仪耳机听见明显放电声音，检测信号峰值达 9dB，暂态地电压检测信号无异常。通过对相邻间隔开关柜超声波、暂态地电压进行横向分析，判断放电部位为 10kV 李团线 913 开关柜后柜门上部母排室。

二、检测对象及项目

检测对象：某220kV变电站 10kV李团线913开关柜，设备型号为XGN2-12（Z）/67G，生产厂家为宁波天安（集团）股份有限公司，出厂时间为2005年10月。10kV李团线913开关柜正、背面布置如图5-7和图5-8所示。

图 5-7　10kV 李团线 913 开关柜前柜　　　图 5-8　10kV 李团线 913 开关柜后柜

检测项目：超声波局部放电检测、暂态地电压检测。

三、检测仪器及装置

局部放电检测仪：型号为 PDS-T90，生产厂家为上海华乘电气科技有限公司。

四、检测数据

1. 超声波数据

在 10kV 高压室较安静角落测得超声波背景幅值为−7dB，表5-3为10kV李团线 913 开关柜超声波横向测点数据比较。

表 5-3　　　　　　10kV 李团线 913 开关柜超声波横向测点数据比较　　　（单位：dB）

开关柜名称	前上	前下	后上	后中	后下	后下（左侧缝）	后下（右侧缝）
10kV 9311 开关柜	−7	−6	−4	−5	−5	−7	−6

开关柜名称	前上	前下	后上	后中	后下	后下 （左侧缝）	后下 （右侧缝）
#1 站用变压器 911 开关柜	−8	−7	9	3	−4	−4	−6
10kV 913 开关柜	−5	−6	−7	−6	−4	−7	−6

2. 暂态地电压数据

选择开关室内远离开关柜的金属门窗作为金属背景值，测得幅值为 13dB；用 PDS-T90 局部放电检测仪对 10kV 李团线 913 开关柜及相邻柜进行暂态地电压测试，对测试结果进行横向比较，显示无异常，数据如表 5-4 所示。

表 5-4　　10kV 李团线 913 开关柜暂态地电压横向测点数据比较　　（单位：dB）

开关柜名称	前上	前下	后上	后中	后下	后下 （左侧缝）	后下 （右侧缝）
10kV 9311 开关柜	14	15	15	19	17	16	17
#1 站用变压器 911 开关柜	13	17	15	13	16	17	18
10kV 913 开关柜	15	18	12	20	15	19	20

3. 测量图谱

通过对比上述各测点的局部放电信号幅值，10kV 李团线 913 开关柜后上部位幅值最大，测试当时 10kV 李团线 913 开关柜超声波信号，如图 5-9～图 5-12 所示。

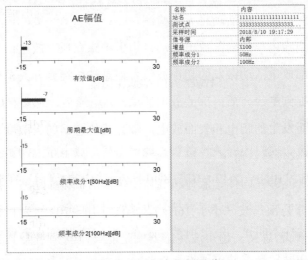

图 5-9　超声波背景图谱

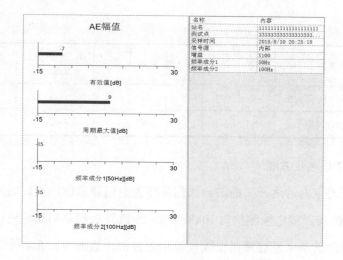

图 5-10　超声波峰值图谱

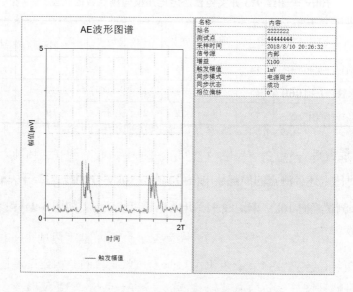

图 5-11　超声波波形图谱

五、综合分析

根据《交流金属封闭开关设备暂态地电压局部放电带电测试技术现场应用导则》（Q/GDW 11060—2013）中的超声波局部放电检测指导判据可知，10kV李团线913开关柜后上部测点检测到有明显放电声音信号，超声波幅值为9dB，100Hz频率相关性不明显，波形图谱显示在一个工频周期内表现为2簇，可判断该处附近存在疑似悬浮放电现象。

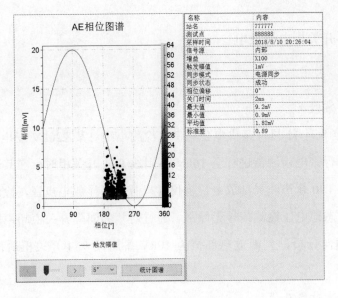

图 5-12　超声波相位图谱

根据《交流金属封闭开关设备暂态地电压局部放电带电测试技术现场应用导则》（Q/GDW 11060—2013），10kV 李团线 913 开关柜暂态地电压测试数据与背景对比差值小于 20dBmV，未检测到放电信号，无异常。

根据判断依据并对比上述各测点的局部放电信号幅值，10kV 李团线 913 开关柜后上部幅值最大，存在严重的悬浮放电现象。由上述内容可知，该放电点位置位于 10kV 李团线 913 开关柜后上部母排隔离室内。

六、验证情况

2018 年 8 月 12 日上午，对某 220kV 变电站 10kV 李团线 913 开关柜进行复测，通过横向验证，在其开关柜后上部母排隔离室，PDS-T90 超声波局部放电巡检仪耳机听见明显放电声音，检测信号峰值达 9dB。结合两次测试数据分析，判断 10kV 李团线 913 开关柜后上部母排隔离室存在悬浮放电现象。

七、结论和建议

结论：10kV 李团线 913 开关柜后上部母排隔离室有悬浮放电现象，定性为严重缺陷。

建议：应根据缺陷发展趋势安排停电检修，根据趋势法加强带电检测跟踪，缩短巡视周期。

5.2 10kV 开关柜电晕放电

[案例一]

一、异常概况

2018 年 8 月 11 日，某供电公司带电检测小组对某 220kV 变电站 10kV 开关柜设备进行带电检测，进行至 10kV 备用线 934 开关柜时，在其开关柜后柜上部，PDS-T90 超声波局部放电巡检仪耳机听见明显放电声音，检测信号峰值达 1dB，暂态地电压检测信号无异常。通过对相邻间隔开关柜超声波、暂态地电压进行横向分析，判断放电部位为 10kV 备用线 934 开关柜后柜门上部母排室。

二、检测对象及项目

检测对象：某 220kV 变电站 10kV 备用线 934 开关柜，设备型号为 XGN2-12（Z）/67G，生产厂家为宁波天安（集团）股份有限公司，出厂时间为 2005 年 10 月。10kV 备用线 934 开关柜正、背面布置如图 5-13 和图 5-14 所示。

图 5-13　10kV 备用线 934 开关柜前柜　　图 5-14　10kV 备用线 934 开关柜后柜

检测项目：超声波局部放电检测、暂态地电压检测。

三、检测仪器及装置

局部放电检测仪：型号为 PDS-T90，生产厂家为上海华乘电气科技有限公司。

四、检测数据

1. 超声波数据

在 10kV 高压室较安静角落测得超声波背景幅值为 –7dB，表 5-5 为 10kV 备用线 934 开关柜超声波横向测点数据比较。

表 5-5　　　　10kV 备用线 934 开关柜超声波横向测点数据比较　　（单位：dB）

开关柜名称	前上	前下	后上	后中	后下	后下（左侧缝）	后下（右侧缝）
10kV 926 开关柜	–7	–6	–4	–5	–6	–7	–7
10kV 934 开关柜	–5	–5	1	–4	–3	–7	–6
10kV 936 开关柜	–8	–7	–5	–5	–5	–6	–7

2. 暂态地电压数据

选择开关室内远离开关柜的金属门窗作为金属背景值，测得幅值为 13dB；用 PDS-T90 局部放电检测仪对 10kV 备用线 934 开关柜及相邻柜进行暂态地电压测试，对测试结果进行横向比较，显示无异常，数据如表 5-6 所示。

表 5-6　　10kV 备用线 934 开关柜暂态地电压横向测点数据比较表　　（单位：dB）

开关柜名称	前上	前下	后上	后中	后下	后下（左侧缝）	后下（右侧缝）
10kV 926 开关柜	18	19	18	19	16	17	20
10kV 934 开关柜	20	24	27	25	26	27	26
10kV 936 开关柜	19	20	19	20	17	16	21

3. 测量图谱

通过对比上述各测点的局部放电信号幅值，10kV 备用线 934 开关柜后上部位幅值最大，测试当时 10kV 备用线 934 开关柜超声波信号如图 5-15～图 5-18 所示。

五、综合分析

根据《交流金属封闭开关设备暂态地电压局部放电带电测试技术现场应用

导则》（Q/GDW 11060—2013）中的超声波局部放电检测指导判据可知，10kV备用线934开关柜后上部测点检测到有明显放电声音信号，超声波幅值为1dB，100Hz频率相关性不明显，波形图谱显示在一个工频周期内表现为1簇，可判断该处附近存在疑似电晕放电现象。

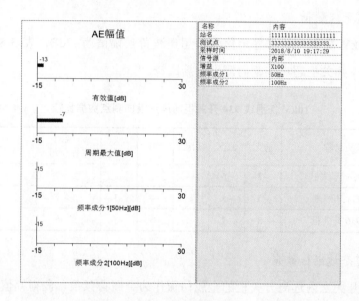

图 5-15　超声波背景图谱

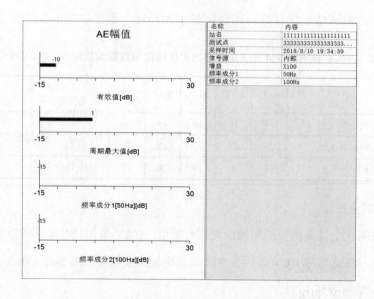

图 5-16　超声波峰值图谱

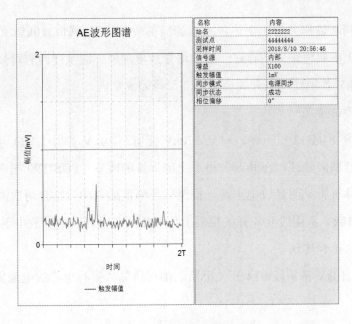

图 5-17 超声波波形图谱

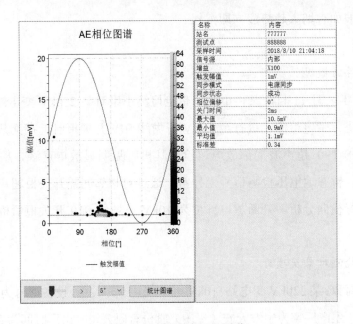

图 5-18 超声波相位图谱

根据《交流金属封闭开关设备暂态地电压局部放电带电测试技术现场应用导则》（Q/GDW 11060—2013），10kV 备用线 934 开关柜暂态地电压测试数据与背景对比差值小于 20dBmV，未检测到放电信号，无异常。

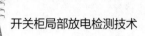

根据判断依据并对比上述各测点的局部放电信号幅值，10kV 备用线 934 开关柜后上部幅值最大，存在一般的电晕放电现象。由上述内容可知，该放电点位于 10kV 备用线 934 开关柜后上部母排隔离室内。

六、验证情况

2018 年 8 月 12 日上午，对某 220kV 变电站 10kV 备用线 934 开关柜进行复测，通过横向验证，在其开关柜后上部母排隔离室，PDS-T90 超声波局部放电巡检仪耳机听见明显放电声音，检测信号峰值达 1dB。结合两次测试数据分析，判断 10kV 备用线 934 开关柜后上部母排隔离室存在电晕放电现象。

七、结论和建议

结论：10kV 备用线 934 开关柜后上部母排隔离室有电晕放电现象，定性为一般缺陷。

建议：根据趋势法加强带电检测跟踪，根据负荷变化情况适当缩短巡视周期，超声波如有增大趋势应立即汇报。

[案例二]

一、异常概况

2018 年 8 月 11 日，某供电公司带电检测小组对某 220kV 变电站 10kV 开关柜设备进行带电检测，进行至 10kV 三塘线 919 开关柜时，在其开关柜后柜上部，PDS-T90 超声波局部放电巡检仪耳机听见明显放电声音，检测信号峰值达 4dB，暂态地电压检测信号无异常。通过对相邻间隔开关柜超声波、暂态地电压进行横向分析，判断放电部位为 10kV 三塘线 919 开关柜后柜门上部母排室。

二、检测对象及项目

检测对象：某 220kV 变电站 10kV 三塘线 919 开关柜，设备型号为 XGN2-12（Z）/67G，生产厂家为宁波天安（集团）股份有限公司，出厂时间为 2005 年 10 月。10kV 三塘线 919 开关柜正、背面布置如图 5-19 和图 5-20 所示。

检测项目：超声波局部放电检测、暂态地电压检测。

三、检测仪器及装置

局部放电检测仪：型号为 PDS-T90，生产厂家为上海华乘电气科技有限公司。

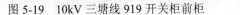

图 5-19　10kV 三塘线 919 开关柜前柜　　　图 5-20　10kV 三塘线 919 开关柜后柜

四、检测数据

1. 超声波数据

在 10kV 高压室较安静角落测得超声波背景幅值为–7dB，表 5-7 为 10kV 三塘线 919 开关柜超声波横向测点数据比较。

表 5-7　　　　　　　**10kV 三塘线 919 开关柜超声波横向测点数据比较**　　（单位：dB）

开关柜名称	前上	前下	后上	后中	后下	后下（左侧缝）	后下（右侧缝）
10kV 917 开关柜	–7	–6	–4	–5	–5	–7	–6
10kV 919 开关柜	–8	–7	4	–4	–2	–4	–6
10kV 921 开关柜	–5	–6	2	–2	–3	–7	–6

2. 暂态地电压数据

选择开关室内远离开关柜的金属门窗作为金属背景值，测得幅值为 13dB；用 PDS-T90 局部放电检测仪对 10kV 三塘线 919 开关柜及相邻柜进行暂态地电压测试，对测试结果进行横向比较，显示无异常，数据如表 5-8 所示。

表 5-8   10kV 三塘线 919 开关柜暂态地电压横向测点数据比较   （单位：dB）

开关柜名称	前上	前下	后上	后中	后下	后下（左侧缝）	后下（右侧缝）
10kV 917 开关柜	16	15	17	19	17	16	20
10kV 919 开关柜	17	17	15	13	16	17	19
10kV 921 开关柜	18	19	16	21	18	19	22

3. 测量图谱

通过对比上述各测点的局部放电信号幅值，10kV 三塘线 919 开关柜后上部位幅值最大，测试当时 10kV 三塘线 919 开关柜超声波信号，如图 5-21～图 5-24 所示。

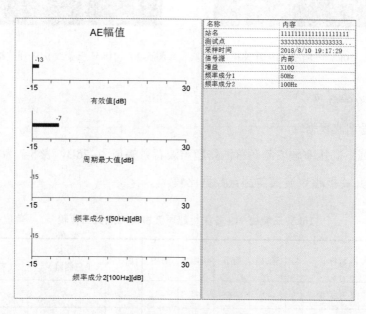

图 5-21   超声波背景图谱

五、综合分析

根据《交流金属封闭开关设备暂态地电压局部放电带电测试技术现场应用导则》（Q/GDW 11060—2013）中的超声波局部放电检测指导判据可知，10kV 三塘线 919 开关柜后上部测点检测到有明显放电声音信号，超声波幅值为 4dB，100Hz 频率相关性不明显，波形图谱显示在一个工频周期内表现为 1 簇，可判断该处附近存在疑似电晕放电现象。

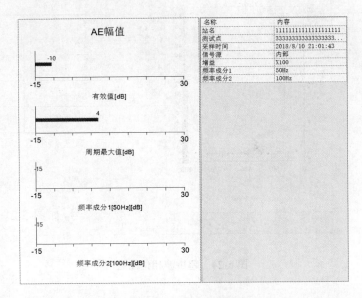

图 5-22　超声波峰值图谱

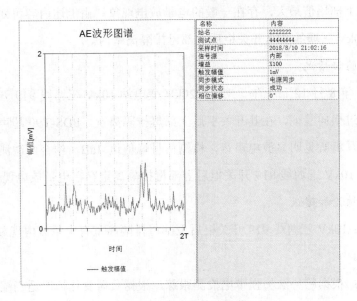

图 5-23　超声波波形图谱

根据《交流金属封闭开关设备暂态地电压局部放电带电测试技术现场应用导则》（Q/GDW 11060—2013），10kV 三塘线 919 开关柜暂态地电压测试数据与背景对比差值小于 20dBmV，未检测到放电信号，无异常。

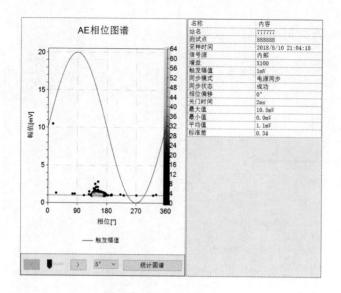

图 5-24　超声波相位图谱

根据判断依据并对比上述各测点的局部放电信号幅值，10kV 三塘线 919 开关柜后上部幅值最大，存在一般的电晕放电现象。由上述内容可知，该放电点位于 10kV 三塘线 919 开关柜后上部母排隔离室内。

六、验证情况

2018 年 8 月 12 日上午，对某 220kV 变电站 10kV 三塘线 919 开关柜进行复测，通过横向验证，在其开关柜后上部母排隔离室，PDS-T90 超声波局部放电巡检仪耳机听见明显放电声音，检测信号峰值达 4dB。结合两次测试数据分析，判断 10kV 三塘线 919 开关柜后上部母排隔离室存在电晕放电现象。

七、结论和建议

结论：10kV 三塘线 919 开关柜后上部母排隔离室有电晕放电现象，定性为一般缺陷。

建议：根据趋势法加强带电检测跟踪，根据负荷变化情况适当缩短巡视周期，超声波如有增大趋势应立即汇报。

附录 A 局部放电试验实训指导书

一、适用范围

本标准化实训指导书适用于变电检修专业电气试验职业技能实训。

二、参考资料

（1）《电力变压器 第 1 部分：总则》（GB 1094.1—2013）。

（2）《电力变压器 第 3 部分：绝缘水平、绝缘试验和外绝缘空气间隙》（GB 1094.3—2017）。

（3）《电气装置安装工程 电气设备交接试验标准》（GB 50150—2016）。

（4）《高电压试验技术 第 1 部分：一般定义及试验要求》（GB/T 16927.1—2011）。

（5）《高电压试验技术 第 2 部分：测量系统》（GB/T 16927.2—2013）。

（6）《现场绝缘试验实施导则 绝缘电阻、吸收比和极化指数试验》（DL/T 474.1—2018）。

（7）《电力变压器试验导则》（JB/T 501—2006）。

（8）《输变电设备状态检修试验规程》（Q/GDW 168—2008）及编制说明。

（9）《国家电网公司生产技能人员职业能力培训规范 第 18 部分：电气试验》（Q/GDW 232.18—2008）。

（10）（国家电网公司现场标准化作业指导书编制导则（试行），中国电力出版社，2004 年。

（11）国家电网公司电力安全工作规程（变电部分），中国电力出版社，2009 年。

（12）《电气试验工》（初级、中级、高级），中国电力出版社，2010 年。

三、实训前准备

1. 准备工作内容

准备工作内容如表 A-1 所示。

表 A-1   准 备 工 作 内 容

序号	内　容	责任人	备注
1	了解培训班办班单位、地点、班级人数、人员的学历及工作经验等情况		
2	开办前准备好教学所需的设备、耗材、教室设施仪器仪表及相关教学资料		
3	根据本实训指导书内容和班级情况确定上课人员、班主任，制订课程表、授课计划		
4	组织相关人员学习本实训指导书		

2. 人员要求

人员要求如表 A-2 所示。

表 A-2   人　员　要　求

序号	责任人	工作要求及分工	备注
1	专业负责人	(1) 根据班级性质制订授课进度计划。 (2) 根据座谈会学员反馈情况调整授课内容。 (3) 编写、批改结业考试卷，填写学员成绩单	
2	班主任	(1) 制定班级课程表并组织教师上课。 (2) 协助学管处、教务处做好班级管理工作及学员考勤工作。 (3) 组织结业考试工作。 (4) 为学员发放结业证。 (5) 培训班结业后一周内收集整理好培训资料，交到部门资料室	
3	实训教师	(1) 按照授课计划的内容进行授课。 (2) 及时将复习题送至专业负责人处。 (3) 根据专业负责人要求和座谈会学员反馈情况调整授课内容	

3. 实训场地配备

实训场地应具有变压器、互感器等停电一次设备及相关试验仪器等。

4. 实训材料

实训材料如表 A-3～表 A-6 所示。

表 A-3   实　训　设　备

序号	名称	规格/编号	单位	数量	备注
1	变频试验电源设备		套	1	
2	调压设备		套	1	
3	励磁变压器	无局部放电	台	1	

序号	名称	规格/编号	单位	数量	备注
4	补偿电抗器	无局部放电	台	1	
5	局部放电检测仪		台	1	
6	检测阻抗	4号检测阻抗	个	2	
7	校正脉冲发生器		台	1	
8	高压无晕导线		组	1	
9	电源线盘		个	1	
10	高压开关柜	10kV	组	1	

表 A-4　　　　　　　　　备品、备件

1	测试线	局部放电专用	套	1	

表 A-5　　　　　　　　　工　器　具

1	绝缘垫		块	2	
2	绝缘测试专用线		套	1	
3	短路线		套	1	
4	试验用接地线		套	1	
5	干湿温度计		块	1	
6	扳手		套	1	
7	螺丝刀		把	2	
8	安全带		副	1	
9	传递绳		根	1	
10	试验现场记录本		本	1	
11	"止步、高压危险！"标示牌		块	1	
12	"在此工作！"标示牌		块	1	
13	"从此进出！"标示牌		块	1	
14	"由此上下！"标示牌		块	1	
15	计算器		个	1	
16	医药箱		个	1	
17	安全帽		顶	2	
18	放电棒		根	1	
19	计时表		块	1	

表 A-6 实 训 耗 材

1	测试铜导线	绝缘线	盘	1
2	短路线	4mm²	盘	1

5. 危险点分析与安全控制措施

危险点分析与安全控制措施如表 A-7 所示。

表 A-7 危险点分析与安全控制措施

序号	危险点分析	安全控制措施
1	作业人员的身体状况不适、思想波动、不安全行为等易发生人身伤害	工作前工作负责人对工作班成员的身体状况、精神面貌、遵章守纪情况进行观察了解，不符合作业条件的人员不宜安排现场工作，所有作业人员必须具备必要的电气知识，基本掌握本专业作业技能及《国家电网公司电力安全工作规程》等相关知识，并经考试合格
2	工作期间，试验人员违章跨越围栏或误入带电间隔易发生人身触电事故	严禁工作人员违章钻、跨围栏，擅离工作现场，误入带电间隔
3	登高作业易发生高处坠落，高处移动时易发生人员跌倒	高处作业正确使用安全带，高处移动时不得失去安全防护
4	试验仪器、设备未完全放电会造成人身伤害	每项试验结束后，正确使用放电棒对被试设备进行充分放电
5	试验人员与带电部位未保持足够的安全距离易造成人身触电	试验人员与带电部位保持足够的安全距离，监护人员加强试验的全程监护
6	与其他专业交叉作业时易造成人身伤害和设备损坏	与其他专业交叉作业时，加强协调联系，合理调配，确保安全
7	劳动保护用品使用不当会造成人员伤害	正确使用劳动防护用品
8	接线错误、操作方法失误、操作程序错误等易给作业人员带来人身危害和设备损坏	严格按照正确的试验顺序和试验接线方法进行设备的试验工作，接线完毕后进行复检
9	工作现场上下抛掷工具等物品易造成人身伤害和设备损坏	传递物品时正确使用传递绳，严禁上下抛掷
10	试验过程中不呼唱易造成人身伤害	设备加压前通知有关人员离开被试设备，征得工作负责人许可后，方可加压设备，试验全过程中进行呼唱
11	试验接地线接地不良易造成人身伤害和设备损坏	接地点应用锉刀进行打磨，保证接地点良好
12	试验过程中作业人员精力不集中、闲谈等易造成人身伤害和设备损坏	作业过程中要求作业人员精力集中，严禁与工作无关的行为
13	仪器操作人员、放电人员未站在绝缘垫上进行工作易发生人身伤害	试验时仪器操作人员、放电人员必须站在绝缘垫上进行相关操作

四、实训项目流程

实训项目流程如图 A-1 所示。

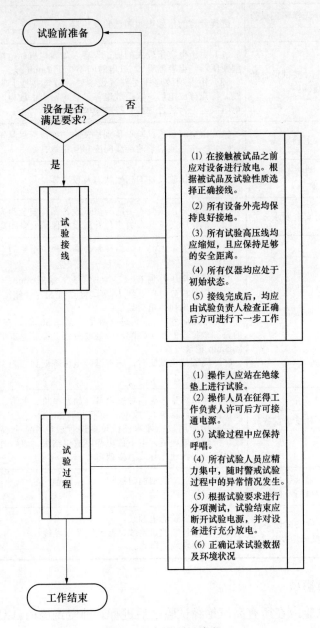

图 A-1 实训项目流程

五、主要作业程序、操作内容及工艺标准

主要作业程序、操作内容及工艺标准如表 A-8 所示。

表 A-8 主要作业程序、操作内容及工艺标准

作业程序	项目	操作内容及工艺标准	备注
准备工作	1. 选择耐压试验设备	选择合适的倍频电源和试验变压器	
	2. 对被试设备断电和放电	（1）对于电容量较大的被试设备（如发电机、电缆、大中型变压器、电容器等），放电时间不少于 2mim。 （2）用专用放电棒对被试设备进行放电并挂上临时接地线。待充分放电后，取下放电棒，放电结束；放电时先通过电阻放电，再通过导线直接放电	
测试过程	3. 正确接线	（1）由交流耐压试验设备到被试物的连线应尽量短。 （2）线路与地端子的连线间应相互绝缘良好	
	4. 检查耐压试验装置仪	检查耐压试验设备的初始状态及仪表零位	
	5. 安全要求	（1）试验中，试验人员应与被试设备保持安全距离。 （2）试验中，试验人员应与升压设备保持安全距离	
	6. 加压测量过程	（1）在不大于 $U_2/3$（U 为设备最高工作电压）的电压下接通电源； （2）试验电压升到 U_2（$U_2 = 1.5\sqrt{3}$）保持 5min； （3）接着试验电压升到 U_1，试验时间 5s，在施加 U 期间内不要求给出视在电荷量值； （4）电压降到 U_2 下再进行测量，保持 30min。在电压 U_2 的第二个阶段的整个期间，应连续观察局部放电水平，并每隔 5min 记录一次。 （5）局部放电试验时，应将试验电压降低到 $U_2/3$ 以下时，方可切断电源	
	7. 对被试设备放电	（1）对电容量较大的被试设备（如发电机、电缆、大中型变压器、电容器等），放电时间不少于 2min。 （2）用专用放电棒对被试设备进行放电并挂上临时接地线。待充分放电后，取下放电棒，放电结束。放电时先通过电阻放电，再通过导线直接放电	
结束工作	8. 记录环境温、湿度及设备油温	（1）测量变压器油温时应记录上层油温。 （2）记录方法正确	
	9. 将被试设备整理恢复成原状	（1）拆除自装的电源线。 （2）拆除自装的短路线、接地线及试验线。 （3）清理现场遗留物	

六、注意事项

（1）本试验应在所有高压绝缘试验之后进行。油浸绝缘的试品经长途运输颠簸或注油工序之后通常应静置规定的时间后再进行试验。应在所有的分级绝缘绕组的线端上进行测量。对自耦连接的高电压线路端子和低电压线路端子也应同时测量。

（2）每个测量端子都应该在线端与地之间施加重复脉冲来校准，校准后的最高稳态复脉冲波用于计算变压器指定端子上的视在电荷量。当对测量放电量有怀疑时，在试验完成后应再次进行方波校准。

（3）在施加电压的前后应记录所有测量端子的背景噪声水平。背景噪声水平应低于规定的视在电荷量限值 q 的一半。

（4）在电压升至 U_2 及由 U_2 再降低过程中，应记录可能出现的起始放电电压和熄灭电压值。

（5）测定回路的背景噪声水平。背景噪声水平应低于试品允许放电量的 50%，当试品允许放电量较低时，则背景噪声水平可以允许到试品允许放电量的 100%。现场试验时，如以上条件达不到，可以允许有个别能分辨是干扰信号并且不影响测量读数的脉冲，如可控硅等固定脉冲。

（6）当测量结果表明局部放电量超过标准规定或被试品有异常放电时，应停止试验，检查测量接线是否存在问题，复测试验电源背景噪声水平是否低于被试品视在放电量的 50%。确定异常放电原因后，重新进行试验。

七、检查验收记录

检查验收记录如表 A-9 所示。

表 A-9 检查验收记录

自验记录	需要改进的内容	
	存在问题和处理意见	
验收单位意见	教研组验收意见及签字	
	专业部门验收意见及签字	

部门负责人签字：

八、实训指导书执行情况评估

实训指导书执行情况评估如表 A-10 所示。

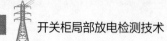

表 A-10   实训指导书执行情况评估

评估内容	符合性	优		可操作项	
		良		不可操作项	
	可操作性	优		修改项	
		良		遗漏项	
存在问题					
改进意见					

附录 B 局部放电检测作业指导书

开关柜暂态地电压与超声波
局部放电检测作业指导书

编写：_____年____月____日

安全：_____年____月____日

审核：_____年____月____日

批准：_____年____月____日

工作负责人：_____

作业日期：_____年____月____日____时

至____年____月____日____时

1 编制目的及适用范围

本指导书规定了暂态地电压检测标准化作业的工作步骤和技术要求。

本指导书适用于国家电网技术学院员工集中培训班暂态地电压检测操作项目。

2 编制依据

下列文件对于本文件的应用是必不可少的。凡是注日期的引用文件，仅注日期的版本适用于本文件。凡是不注日期的引用文件，其最新版本（包括所有的修改单）适用于本文件。

（1）《国家电网公司现场标准化作业指导书编制导则（试行）》（国家电网〔2004〕503 号）。

（2）《国家电网公司电力安全工作规程 变电部分》（Q/GDW 1799.1—2013）。

（3）《国家电网公司生产技能人员职业能力培训规范 第 18 部分：电气试验》（Q/GDW 232.18—2008）。

（4）《输变电设备状态检修试验规程》（Q/GDW 168—2008）。

（5）《电气装置安装工程　电气设备交接试验标准》（GB 50150—2016）。

（6）《高电压试验技术　第 1 部分：一般定义及试验要求》（GB/T 16927.1—2011）。

（7）《电力设备带电检测技术规范（试行）》（国家电网 生变电〔2010〕11 号）。

3　试验准备

下列表中，已执行项打"√"，不执行项打"×"，下同。

需在序号列中数字的左下侧用"★"符号标识出关键工作项，执行时在"√"列中签字确认。

3.1　准备工作安排

准备工作如表 B-1 所示。

表 B-1　　　　　　　　　准 备 工 作

序号	内容	标准	√
1	了解培训班办班单位、地点、班级人数、人员的学历及工作经验等情况	培训指导员应基本了解上述情况	
2	开办前准备好教学所需的设备、耗材、教室设施、仪器仪表及相关教学资料	仪器仪表、工器具应试验合格，满足本次操作要求，材料应齐全，图纸及资料应符合现场实际情况	
3	根据本作业指导书内容和班级情况确认上课人员、班主任，制订课程表和授课计划	现场工器具摆放位置应确保现场操作安全、可靠	
4	根据本次工作内容和性质确认操作学员，并积极组织学习本指导书	要求所有操作学员都明确本次操作的工作内容、工作标准及安全注意事项	

3.2　人员要求

人员要求如表 B-2 所示。

表 B-2　　　　　　　　　人 员 要 求

序号	内容	√
1	参与操作的学员身体状况、精神状况良好	
2	需对其他学员在安全措施、工作范围、安全注意事项等方面进行教育	
3	所有学员必须具备必要的电气知识，基本掌握本专业工作技能及《国家电网公司电力安全工作规程》（Q/GDW 1799—2013）的相关知识	
4	对各试验项目的责任人进行明确分工，使工作人员明确各自的职责内容	

3.3　工器具及材料

工器具及材料如表 B-3 所示。

表 B-3　　　　　　　　　　工 器 具 及 材 料

序号	名　　　称	规格	单位	数量	√
1	暂态地电压检测仪		台	1	
2	干湿温度计		块	1	
3	试验现场记录本		本	1	
4	"止步、高压危险!"标识牌		块	1	
5	"在此工作!"标识牌		块	1	
6	"从此进入!"标识牌		块	1	
7	"由此向下!"标识牌		块	1	
8	计算器		个	1	
9	安全帽		顶	1	

3.4　危险点分析

危险点分析如表 B-4 所示。

表 B-4　　　　　　　　　　危 险 点 分 析

序号	内　　　容	√
1	作业人员身体状况不适、思想波动、不安全行为等易造成人身伤害	
2	工作期间,试验人员违章跨越围栏或误入带电间隔易发生人身触电事故	
3	登高作业易发生高处坠落,高处移动时易发生人员跌倒	
4	试验仪器、设备未完全放电会造成人身伤害	
5	试验人员与带电部位未保持足够的安全距离易造成人身触电	
6	与其他专业交叉作业时易造成人身伤害和设备损坏	
7	劳动保护用品使用不当会造成人员伤害	
8	接线错误、操作方法失误、操作程序错误等会给作业人员带来人身危害和设备损坏	
9	工作现场,上下抛掷工具等物品易造成人身伤害和设备损坏	
10	试验过程中不呼唱易造成人身伤害	
11	试验接地线接地不良易造成人身伤害和设备损坏	
12	试验过程中作业人员精力不集中、闲谈等易造成人身伤害和设备损坏	
13	仪器操作人员、放电人员未站在绝缘垫上工作易造成人身伤害	
14	当开关柜内部发生爆炸,冲击力从顶部泄压通道释放造成人身伤害及设备损坏	

3.5 安全措施

安全措施如表 B-5 所示。

表 B-5   安　全　措　施

序号	内　　容	√
1	工作前工作负责人对工作班成员的身体状况、精神面貌、遵章守纪情况进行观察了解，不符合作业条件的人员不宜安排现场工作。所有作业人员必须具备必要的电气知识，基本掌握本专业作业技能及《国家电网公司电气安全工作规程》（Q/GDW 1799—2003）的相关知识，并经考试合格	
2	严禁工作人员违章钻、跨围栏，擅离工作现场，误入带电间隔	
3	高处作业人员正确使用安全带，上下变压器抓稳踏牢，高处移动时不得失去安全防护	
4	每项试验结束后，正确使用放电棒对被试设备进行充分放电	
5	试验人员与带电部位保持足够的安全距离，监护人员加强试验的全过程监护	
6	与其他专业交叉作业时，加强协调联系，合理调配，确保安全	
7	正确使用劳动防护用品	
8	严格按照正确的试验顺序和试验接线方法进行设备的试验工作，接线完毕后进行复检	
9	传递物品时正确使用传递绳，严禁上下抛掷	
10	设备加压前通知有关人员离开被试设备，征得工作负责人许可后，方可加压，设备试验全过程中进行呼唱	
11	接地点应用锉刀进行打磨，保证接电点良好	
12	作业过程中要求作业人员精力集中，严禁做与工作无关的行为	
13	试验时仪器操作人员、放电人员必须站在绝缘垫上进行相关操作	
14	不在开关柜泄压通道长时间停留	

3.6 人员分工

人员分工如表 B-6 所示。

表 B-6   人　员　分　工

序号	项目	负责人	作业人员	√
1	装设警示灯、警示牌			
2	操作试验仪器，记录数据			
3	人员配合及监护			

4　试验程序

具体试验方法和注意事项如表 B-7 所示。

表 B-7　　　　　　　　具体试验方法和注意事项

试验项目	试验流程	试验方法	试验注意事项	责任人
开关柜暂态地电压检测	操作准备	（1）实训教师向学员交代工作内容、人员分工、带电部位，进行危险点告知并履行确认手续后开工。 （2）准备试验用的仪器、仪表、工具，所用仪器、仪表、工具应良好并在合格周期内。 （3）在试验现场周围装设围栏，悬挂"高压，止步危险"等警示牌，打开高压警示灯，摆放温、湿度计，必要时派专人看守。 （4）抄录被试品的铭牌参数。 （5）检查被试品的外观是否完好	（1）测试过程中，测试仪器应垂直于开关柜表面，并且与柜体紧密接触。 （2）测试点应尽量靠近观察窗等局部放电信号易泄漏部位的金属面板上。 （3）开关柜侧面无法检测时可以跳过。 （4）测试中禁止使用无线通信设备。 （5）超声波测试中应减少走动，停止其他工作，减少噪声的产生。 （6）正常设备的检测结果应与背景噪声及在同等条件下同类设备无明显差异	
	操作过程	（1）按下启动按钮，待仪器自检合格后，开始测量。 （2）将测试仪指向空气，测量开关室内的大气背景噪声，记录数据。 （3）将测试仪的测试端与开关室内金属物件紧密接触，测试开关室金属物体的背景噪声，记录数据。 （4）将测试仪的测试端与开关柜体紧密接触，测试开关柜局部放电幅值，分别测试开关柜正面中间及下部，背面及侧面的上、中、下部位，记录测试结果。 （5）将测试仪的超声波测试端沿着开关柜上的缝隙扫描检测，监听异常声音信号，并测试开关柜超声波局部放电幅值，分别测试开关柜正面及背面的缝隙部位，记录测试结果		
	操作结束	（1）关闭仪器开关。 （2）整理仪器，记录温度和湿度，把仪器放回原位。 （3）测量数值与标准或历史数据进行比较，判断是否合格，撰写试验报告		

5　试验总结

试验总结如表 B-8 所示。

表 B-8　　　　　　　　试　验　总　结

序号	试验总结	
1	验收评价	
2	存在问题及处理意见	

6 指导书执行情况评估

指导书执行情况评估如表 B-9 所示。

表 B-9　　　　　　　　　　指导书执行情况评估

分类	项目	等级	评价	类别	评价
评估内容	符合性	优		可操作项	
		良		不可操作项	
	可操作性	优		修改项	
		良		遗漏项	
存在问题					
改进意见					

附录C 变电站（发电厂）第二种工作票

变电站（发电厂）第二种工作票

单位_____ 编号 _____

1. 工作负责人（监护人）_____ 班组 _____

2. 工作班成员（不包含工作负责人）

_____

_____

_____共 _____人

3. 工作的变、配电站名称及设备双重名称

_____

_____

4. 工作任务

工作地点或地段	工作内容

5. 计划工作时间

自___年___月___日___时___分

至___年___月___日___时___分

6. 工作条件（停电或不停电，或邻近及保留带电设备名称）

_____

_____

_____

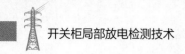

7．注意事项（安全措施）

_____

_____

_____

_____

　　工作票签发人签名_____　　签发日期___年___月___日___时___分

8．补充安全措施（工作许可人填写）

_____

_____

_____

_____

_____

_____

9．确认工作票 1～8 项

工作负责人签名_____　　工作许可人签名_____

许可工作时间___年___月___日___时___分

10．确认工作负责人布置的工作任务和安全措施

工作人员签名：

_____

_____

_____

_____

11．工作票延期

有效期延长到___年___月___日___时___分

工作负责人签名_____　　___年___月___日___时___分

工作许可人签名_____　　___年___月___日___时___分

12．工作票终结

全部工作于＿＿＿＿年＿＿＿月＿＿＿日＿＿＿时＿＿＿分结束，工作人员已全部撤离，材料工具已清理完毕。

工作负责人签名＿＿＿＿＿＿＿＿＿＿＿＿ ＿＿＿年＿＿＿月＿＿＿日＿＿＿时＿＿＿分

工作许可人签名＿＿＿＿＿＿＿＿＿＿＿＿ ＿＿＿年＿＿＿月＿＿＿日＿＿＿时＿＿＿分

13．备注

＿＿＿＿＿＿＿＿＿＿＿＿＿＿＿＿＿＿＿＿＿＿＿＿＿＿＿＿＿＿＿＿＿＿＿

＿＿＿＿＿＿＿＿＿＿＿＿＿＿＿＿＿＿＿＿＿＿＿＿＿＿＿＿＿＿＿＿＿＿＿

＿＿＿＿＿＿＿＿＿＿＿＿＿＿＿＿＿＿＿＿＿＿＿＿＿＿＿＿＿＿＿＿＿＿＿

＿＿＿＿＿＿＿＿＿＿＿＿＿＿＿＿＿＿＿＿＿＿＿＿＿＿＿＿＿＿＿＿＿＿＿

＿＿＿＿＿＿＿＿＿＿＿＿＿＿＿＿＿＿＿＿＿＿＿＿＿＿＿＿＿＿＿＿＿＿＿

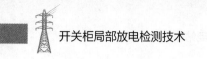
参 考 文 献

［1］邱昌容，王乃庆. 电力设备局部放电及其测试技术［M］. 北京：机械工业出版社，1994：56-60.

［2］郑重，谭克雄，高凯. 局部放电脉冲波形特性分析［J］. 高电压技术，1999（4）：13-20.

［3］贾亚飞，李鸿禄，李春耕，等. 基于混沌粒子群的第2代小波的局部放电信号去噪［J］. 电力系统及其自动化学报，2017，29（3）：62-68.

［4］陈晓林，汪沨，谭阳红，等. GIS局部放电在线监测系统的研究与设计［J］. 电力系统及其自动化学报，2017，29（3）：42-49.

［5］李娟，李明，金子惠. GIS设备局部放电缺陷诊断分析［J］. 高压电器，2014，50（10）：85-90.

［6］李国伟，章涛，王俊波，等. 基于超高频法的GIS局部放电类型判断方法［J］. 高压电器，2013，49（1）：63-68.

［7］HUECKER T. UHF Partial discharge monitoring for GIS［C］. the tenth international symposium on high voltage engineering，Canada.，1997.

［8］孙曙光，陆俭国，余慧中，等. 基于特高频法的典型GIS局部放电检测［J］. 高压电器，2012，48（4）：7-12.

［9］GAO W，ZHAO D，DING D，et al. Investigation of frequency characteristics of typical PD and the propagation properties in GIS［J］. IEEE Transactions on Dielectrics and Electrical Insulation，2015，22（3）：1654-1662.

［10］ZHANG X，ZHOU J，LI N，et al. Suppression of UHF partial discharge signals buried in white-noise interference based on block thresholding spatial correlation combinative de-noising method［J］. Iet Generation Transmission & Distribution，2012，6（5）：353-362.

［11］YANG L，JUDD M D，BENNOCH C J. Denoising UHF signal for PD detection in transformers based on wavelet technique［C］. Colorado：Annual Report Conference on Electrical Insulation and Dielectric Phenomena，2004：166-169.

［12］杨志超，范立新，杨成顺，等. 形态学滤波与自适应噪声抵消在GIS局部放电特高频信号去噪中的应用［J］. 高压电器，2014，50（12）：41-46.

[13] 叶会生，陈晓林，周挺，等. 提升双树复小波在 GIS 局部放电监测白噪声抑制的应用 [J]. 高电压技术，2017，43（3）：851-858.

[14] LI J，JIANG T，HARRISON R F，et al. Recognition of ultra-high frequency partial discharge signals using multi-scale Features[J]. Dielectrics & Electrical Insulation IEEE Transactions on，2012，19（4）：1412-1420.

[15] WANG Y，WU J，et al. Research on a practical de-noising method and the characterization of partial discharge UHF signals [J]. Dielectrics & Electrical Insulation IEEE Transactions on，2014，21（5）：2206-2216.

[16] 丁登伟，唐诚，高文胜，等. GIS 中典型局部放电的频谱特征及传播特性 [J]. 高电压技术，2014，40（10）：3243-3251.

[17] 张艺还，王旭红，郭良，等. 基于归一化自相关函数与类小波软阈值法的 GIS 局放信号降噪方法研究 [J]. 高压电器，2018，54（3）：17-24.

[18] 段大鹏. 基于 UHF 方法的 GIS 局部放电检测与仿生模式识别 [D]. 上海：上海交通大学，2009.

[19] 陈迅，秦海亭，刘利，等. GIS 局部放电小波阈值去噪算法的改进 [J]. 电子设计工程，2015，23（16）：171-174.

[20] 刘卫东，刘尚和，胡小峰，等. 小波阈值去噪函数的改进方法分析 [J]. 高电压技术，2007，33（10）：59-63.

[21] 王彪，李建文，王钟斐. 基于小波分析的新阈值去噪方法 [J]. 计算机工程与设计，2011，32（3）：1099-1102.

[22] 张艳阳. 变压器局部放电在线监测中的噪声抑制方法研究 [D]. 湖南：湖南大学，2006.

[23] MA X，ZHIU C，KEMP I J. An improved methodology for application of wavelet transform to partial discharge measurement denoising [J]. IEEE Transactions on Dielectrics and Electrical Insulation ，2005，12（3）：1363-1369.

[24] 李清泉，秦冰阳，司雯，等. 混合粒子群优化小波自适应阈值估计算法及用于局部放电去噪 [J]. 高电压技术，2017，43（5）：1485-1492.

[25] 艾比布勒-赛塔尔，徐文邦，王德平，等. 局部放电小波阈值去噪算法的改进 [J]. 电子测试，2014（10）：26-28.